"十二五"职业教育国家规划教材
经全国职业教育教材审定委员会审定

住房城乡建设部土建类学科专业"十三五"规划教材

住房和城乡建设部中等职业教育建筑施工与建筑装饰专业指导委员会规划推荐教材

建筑装饰工程计量与计价

（第二版）

（建筑装饰专业）

谢　洪　主　编
刘　英　韩　琳　副主编
李建峰　主　审

中国建筑工业出版社

图书在版编目（CIP）数据

建筑装饰工程计量与计价／谢洪主编．—2版．—
北京：中国建筑工业出版社，2021.8（2023.4重印）
"十二五"职业教育国家规划教材　经全国职业教育
教材审定委员会审定　住房城乡建设部土建类学科专业"
十三五"规划教材　住房和城乡建设部中等职业教育建筑
施工与建筑装饰专业指导委员会规划推荐教材．建筑装饰
专业

ISBN 978-7-112-26156-7

Ⅰ.①建… Ⅱ.①谢… Ⅲ.①建筑装饰－工程造价－
中等专业学校－教材 Ⅳ.①TU723.3

中国版本图书馆CIP数据核字（2021）第087364号

本书按照教育部、住房与城乡建设部颁布的中等职业学校建筑装饰专业教学标准的要求，打破传统学科
体系进行教材编写，按照项目教学法的要求，依托某酒店标间、某银行营业大厅装饰工程计量与计价项目，
着重讲解编制建筑装饰工程计量与计价的规范要求、操作思路和计算方法。本书共分三个项目，21个任务，
主要包括：课程调研，房屋建筑与装饰工程工程量计算规范，装饰工程消耗量定额，建筑装饰专业分部分项
工程的工程量清单编制，工料分析，直接工程费的计算，建筑面积计算规则，措施项目计量，建筑装饰工程
计价，计价软件在建筑装饰工程中的运用等。本书既适用于中等职业学校建筑装饰专业、工程造价专业的学生使用，也可供
建筑装饰设计、施工技术人员参考。

为便于教学和提高学习效果，本书作者制作了教学课件，索取方式为：

1.邮箱jckj@cabp.com.cn；2.电话：（010）58337285；3.建工书院http：//edu.cabplink.com；4.交流QQ群796494830。

责任编辑：刘平平　李　阳
书籍设计：京点制版
责任校对：焦　乐

"十二五"职业教育国家规划教材
经全国职业教育教材审定委员会审定
住房城乡建设部土建类学科专业"十三五"规划教材
住房和城乡建设部中等职业教育建筑施工与建筑装饰专业指导委员会规划推荐教材
建筑装饰工程计量与计价（第二版）
（建筑装饰专业）
　　　　　谢　洪　主　编
刘　英　韩　琳　副主编
　　　　李建峰　主　审
*
中国建筑工业出版社出版、发行（北京海淀三里河路9号）
各地新华书店、建筑书店经销
北京点击世代文化传媒有限公司制版
北京市密东印刷有限公司印刷
*
开本：787毫米×1092毫米　1/16　印张：22　字数：357千字
2021年8月第二版　2023年4月第四次印刷
定价：**56.00**元（赠教师课件）
ISBN 978-7-112-26156-7
　　　（37615）

本系列教材编委会 ◆◆◆

序言 ◆◆◆

　　住房和城乡建设部中等职业教育专业指导委员会是在全国住房和城乡建设职业教育教学指导委员会、住房和城乡建设部人事司的领导下，指导住房城乡建设类中等职业教育（包括普通中专、成人中专、职业高中、技工学校等）的专业建设和人才培养的专家机构。其主要任务是：研究建设类中等职业教育的专业发展方向、专业设置和教育教学改革；组织制定并及时修订专业培养目标、专业教育标准、专业培养方案、技能培养方案，组织编制有关课程和教学环节的教学大纲；研究制订教材建设规划，组织教材编写和评选工作，开展教材的评价和评优工作；研究制订专业教育评估标准、专业教育评估程序与办法，协调、配合专业教育评估工作的开展等。

　　本套教材是由住房和城乡建设部中等职业教育建筑施工与建筑装饰专业专业指导委员会（以下简称专指委）组织编写的。该套教材是根据教育部2014年7月公布的《中等职业学校建筑工程施工专业教学标准（试行）》《中等职业学校建筑装饰专业教学标准（试行）》编写的。专指委的委员专家参与了专业教学标准和课程标准的制定，并将教学改革的理念融入教材的编写，使本套教材能体现最新的教学标准和课程标准的精神。教材编写体现了理论实践一体化教学和做中学、做中教的职业教育教学特色。教材中采用了最新的规范、标准、规程，体现了先进性、通用性、实用性的原则。本套教材中的大部分教材，经全国职业教育教材审定委员会的审定，被评为"十二五"职业教育国家规划教材。

　　教学改革是一个不断深化的过程，教材建设是一个不断推陈出新的过程，需要在教学实践中不断完善，希望本套教材能对进一步开展中等职业教育的教学改革发挥积极的推动作用。

住房和城乡建设部中等职业教育建筑施工与建筑装饰专业指导委员会

2015年6月

第二版前言 ◆◆◆

《建筑装饰工程计量与计价》第一版于 2015 年 10 月由中国建筑工业出版社出版，受到广大读者的欢迎。为了响应职业教育的"三教"改革，依据 2019 年 10 月教育部职成司发布的《关于组织开展"十三五"职业教育国家规划教材建设工作的通知》精神，依照《住房和城乡建设部中等职业教育建筑施工与装饰专业指导委员会规划推荐教材 2020 年版修订方案》和《住房和城乡建设部办公厅关于申报高等教育职业教育住房和城乡建设领域学科专业"十四五"规划教材的通知》（建办人函 [2020]656 号），对"建筑装饰工程计量与计价"课程标准相应的课程项目及任务模块开展修订工作。本教材可用作中等职业学校建筑装饰、工程造价等专业的教材，也可供建筑装饰设计、工程造价及施工技术人员参考。

本教材突出现代中等职业教育深化教师、教材、教法"三教"改革理念，以建筑施工企业、行业造价总站、专业教学单位、造价公司和实训基地为依托，依照项目教学法设计课程。内容包括课程调研、项目一、二、三等项目，共 21 个任务。课程调研主要以调研建筑装饰工程计量与计价的相关基本概念为基本内容；项目一是依托某酒店标间装饰工程项目，实施计量与计价教学；项目二是依托某银行营业大厅装饰工程项目，巩固和提高计量与计价教学成果；项目三是计价软件在某银行营业大厅装饰工程项目中的运用，教会学生使用计价软件。教材保证学生在从事建筑装饰计量与计价工作的职业素养、专业知识、专业技能等方面达到课程标准的要求。本教材在继承第一版特点的基础上，具有以下几个特点：

1. 突显"三教"改革——职业教育的教师、教材、教法"三教"改革，即积极"赋能"教师以提升素养能力，"升级"教材以推动教材改革，"激活"教法以推动教学改革。本次教材修订以"三教"改革为抓手，是推进职业教育高质量发展的成果体现。

2. 更新教材理念——转变传统的以纸质教材为主的编写教材的理念，围绕深化教学改革和"互联网+职业教育"发展需求，探索开发课程建设、教材编写、配套资源开发、信息技术应用的改革，统筹推进新形态一体化教材的开发。

3. 提升信息资源——教材立足中职学生的特点，突出"做中学、学中做"的教学理念，将二维码引入教材，学生通过扫二维码中蕴含的"答案、解释、文本、标准、动画、微课、案例、图片、试题"等内容，培养和提升学生的自主学习能力和学习兴趣。

4. 继承发展成果——本次教材的修订，继承第一版教材工学结合、注重规范、联系实际、图文并茂、通俗易懂、讲练结合等特点，修订教材中存在的疏漏，增加了练习。在保证必须展示的教学内容外，尽量让学生自主扫二维码，学习其中蕴含的教学资源。

5. 坚持产教融合——强化行业指导、企业参与，广泛调动社会力量参与教材建设，邀请建筑装饰施工企业、造价总站、造价软件公司、教学单位的专家学者共同编写，紧跟产业发展趋势和行业人才需求，及时将产业发展的新技术、新工艺、新规范纳入教材内容。

第二版教材的编写人员基本由第一版的编写人员组成。主编为陕西建设技师学院谢洪，副主编为陕西建工第五建设集团有限公司刘英及陕西建设技师学院韩琳，主审为长安大学李建峰。参编人员为陕西省建设工程造价与建筑行业劳动保险基金统筹管理总站曹方，陕西建设技师学院梁新芳、张亮、任蕾丹一，西安市轨道交通集团有限公司李强。其中谢洪编写了课程调研，项目一中任务1、2、8，项目二中任务1、2、8；刘英编写项目一中任务7，项目二中任务7、9，项目三中任务1、2、3；韩琳编写项目一中任务5、6，项目二中任务5、6；梁新芳编写项目一中任务3，项目二中任务3；张亮编写项目一中任务4，项目二中任务4；任蕾丹一编写项目一中任务8；曹方、李强编写项目一中任务9；任蕾丹一对整套施工图纸进行绘制及改编；兰州理工大学机电工程学院高科辉同学为本书教学资源编制给予大量帮助；谢洪负责提纲设计、统稿及指导修订，在此表示衷心感谢！

　　建筑装饰工程计量与计价课程会随着技术进步、社会发展、观念更新、规范改变、地域差异等因素的改变而变化，因此课程的开发需要结合当地的实践，需要在实践中不断地更新、丰富和完善。限于编者水平有限，本教材难免存在不足之处，恳请读者批评指正。

第一版前言 ◆◆◆

　　本教材依据 2013 年教育部、住房和城乡建设部颁布的中等职业学校建筑装饰专业教学标准，以及《建筑装饰工程计量与计价》课程标准相应的课程模块，教材包含课程标准所要求的内容，是中等职业学校建筑装饰工程专业"十二五"规划系列教材之一。可用作中等职业学校建筑装饰、工程造价等专业的教材，也可供建筑装饰设计、施工技术人员参考。

　　本教材突出现代中等职业教育理念，以行业造价总站、建筑施工企业、专业教学单位、造价公司和实训基地为依托，依照项目教学法设计课程。内容包括课程调研、项目一、二、三等四大项目，共 21 个任务。课程调研主要以调研建筑装饰工程计量与计价的相关基本概念为基本内容；项目一是依托某酒店标间装饰工程项目，实施计量与计价教学；项目二是依托某银行营业大厅装饰工程项目，巩固和提高计量与计价教学成果；项目三是计价软件在某银行营业大厅装饰工程项目中的运用，教会学生使用计价软件。教材保证学生在从事建筑装饰计量与计价工作的职业素养、专业知识、专业技能等方面达到课程目标的要求。本教材的特点：

　　1. 工学结合——本书在编写之时，注重顶层设计，专门邀请建筑装饰施工企业、造价总站、造价公司、造价软件公司、教学单位的专家学者共同编写，体现了工学结合的现代中职教学理念；

　　2. 注重规范——本书注重内容的规范性和政策性，按照国家最新的《建设工程工程量清单计价规范》GB 50500-2013、《房屋建筑与装饰工程工程量计算规范》GB 50854-2013 等要求编写；

　　3. 联系实际——建筑装饰计量与计价这门专业核心课程要求的专业性和实践性较强，学生必须通过"做中学"、"学着做"的一体化教学，与工程实践结合，才能实现教学有效性的最大化；

　　4. 图文并茂——为了便于学生的理解和认识，为了更好地解读规范和定额中难以理解的问题，教材中采用大量的图表，使学生学习时更加直观，更

加有利于培养和激发学生自主学习的能力;

5. 通俗易懂——本教材在编写时注重现今中职学生的学习特点和学习能力,注重由浅入深、循序渐进的教学方式;在文字表达方面力求简洁直观、实用通俗;

6. 讲练结合——本教材注重培养学生的动手能力,注重理论联系实际,书中列举了大量的教学实例、实训案例及计价软件的操作应用,方便学生自主学习和练习;

7. 示范成果——较好地契合了国家中职示范校建设强调的三个方面,即人才培养模式与课程体系改革、师资队伍建设以及校企合作、工学结合运行机制建设。三方面得到有效提升,成为示范性成果。

本教材的主编为陕西建筑安装高级技工学校谢洪,副主编为陕西建工第五建设集团有限公司刘英,陕西省建筑工程学校韩琳,主审为长安大学李建峰。参编人员为陕西省建设工程造价总站曹方,陕西建设技师学院王政伟,陕西建筑安装高级技工学校梁新芳、任蕾丹一,陕西省建筑工程学校张亮,西安市地下铁道有限责任公司李强,广联达软件股份有限公司陈昱浩。其中谢洪编写了课程调研,项目一中任务1、2、8,项目二中任务1、2、8;刘英编写项目一中任务7,项目二中任务7、9,项目三中任务1;韩琳编写项目一中任务5、6,项目二中任务5、6;梁新芳编写项目一中任务3,项目二中任务3;张亮编写项目一中任务4,项目二中任务4;任蕾丹一编写项目一中任务8;王政伟编写项目二中任务8;曹方、李强编写项目一中任务9;陈昱浩编写项目三中任务2、3;任蕾丹一对整套施工图纸进行绘制及改编。另外,西京学院王慧、闫海锋给予大量帮助,广西城市建设学校彭文静为本教材的资料收集做了大量工作,在此表示衷心感谢。

建筑装饰工程计量与计价课程会随着技术进步、社会发展、观念更新、规范改变、地域差异等因素的变化而变化,因此课程的开发需要结合当地的实践，需要在实践中不断地更新、丰富和完善。限于编者水平有限，加之时间仓促，本教材难免存在疏漏和不妥之处，恳请读者批评指正。

目录 ◆◆◆

全书导读

0.1　情景描述

【教学活动场景】

教学活动安排在校内工程造价实训教室或前往建筑装饰公司经营部门，也可在普通教室进行。教学需要提供连接互联网的电脑，允许学生使用智能手机进行百度信息。提供酒店标间装饰工程施工图纸、展示《建设工程工程量清单计价规范》GB 50500-2013、《房屋建筑与装饰工程工程量计算规范》GB 50854-2013、《建筑装饰消耗量定额》《建筑装饰价目表》的样本；学生准备好笔记本、签字笔等工具。

【学习目标】

熟悉建筑装饰工程计量与计价的基本内容；理解工程量清单计价的特点；理解工程量清单计价的范围；掌握工程量清单计价的过程；掌握工程量清单类别及组成；熟悉装饰工程施工图纸的组成。

【关键概念】

建筑装饰工程计量与计价、工程量清单。

【学习成果】

学会区分工程量清单的组成及类别，熟悉建筑装饰工程施工图纸的组成。

0.2 任务实施

【引入新课】

【设问】同学们现在所学的是什么专业？

【回答】是建筑装饰专业。

【设问】就是装修建筑的室内和室外。需要什么资源才能进行建筑装饰装修？

【回答】需要人工、材料、机械，最重要的是装饰工程量及其需要的资金。

【引题】这就是"建筑装饰工程计量与计价"这门新课程主要学习的主要内容。同学们，大家一起对所学的课程进行调查研究，对这门课程有个深入的了解。

0.2.1 调研安排

1. 调研形式

（1）网络调研——充分利用现代的互联网技术手段，采用计算机、智能手机等工具进行信息搜索查询；

0–1

（2）实地调研——根据学生人数的不同，分成若干小组，前往造价公司、装饰公司、装饰现场或建材市场进行调研；

（3）电话调研——通过固定电话或移动电话咨询有关熟悉建筑装饰工程造价的家人、熟人、朋友等；

（4）基地调研——在学校的工程造价实训基地，观看实训基地的现场布置、工程图纸、教学视频等，进行课程调研；

（5）查阅书籍——通过查阅工程实训基地或学校图书馆的专业书籍、专业期刊以及知网等资料，进行课程调研。

2. 调研内容

（1）建筑装饰工程是干什么的？

（2）工程计量的内容是什么？

（3）工程计价的内容是什么？

（4）如何学好这门课程？

（5）学习这门课程需要具备什么知识和能力？

3. 调研表格

组织同学们在规定的时间，一般 2 课时，采用下列表格（表 0-1），利用互联网、计算机、智能手机等工具进行搜索查询，电话问答、书籍查阅等调查方式；也可前往造价公司、装饰公司、装饰现场或建材市场进行实地调研，做好调研表格的记录。

课程调查表 表 0-1

调查方式	互联网		调查时间	
	智能手机百度		调查地点	
	电话问答		调查人员	
	现场问答			
	查阅书籍			
调查内容	课程名称的含义是什么？			
	工程计量的含义是什么？			
	工程计价的含义是什么？			
	装饰工程计价软件有哪些？			
	学习这门课程需要哪些基础知识？			
	学习这门课程能够培养哪些能力？			
	工程计量需要准备什么资料？			
	工程计价需要准备什么资料？			
	进行工程计量与计价需要哪些文具用品？			

注：先确定调查方式，然后填写调查地点和调查人员。

4. 讨论总结

（1）现场讨论——各个小组对于调研的内容进行小组讨论，对小组各自调查后的感性认识在组内进行分享；

（2）总结陈词——经过各个小组讨论，让各组推荐代表，代表小组分别进行总结性发言，最后教师进行总结。

0.2.2　建筑装饰工程计量与计价的基本概念

1. 建筑装饰工程

建筑装饰工程是指使用装饰材料对建筑物、构筑物的外表和内部进行美化装饰处理的建造活动。

2. 工程计量

工程计量即工程量计算，是指建设工程项目以工程设计图纸、施工组织设计或施工方案及有关技术经济文件为依据，按照相关工程国家标准的计算规则、计量单位等规定，进行工程数量的计算活动。

造价人员编制工程量清单的活动即工程计量。发承包双方根据合同约定，对承包人完成合同工程的数量进行的计算和确认，也属于工程计量。

3. 工程计价

按照计价依据、程序和办法计算工程造价的活动。工程计价依据计价阶段的不同，划分为招标控制价、投标价和竣工结算价。

（1）招标控制价

招标人根据国家或省级行业建设主管部门颁发的有关计价依据和办法，以及拟定的招标文件和招标工程量清单，结合工程具体情况编制的招标工程的最高投标限价。

（2）投标价

投标人投标时实质性响应招标文件要求所报出的对已标价工程量清单汇总后标明的总价。

（3）竣工结算价

发承包双方依据国家有关法律、法规和标准规定，按照合同约定确定的，包括在履行合同过程中按合同约定进行的合同价款调整，是承包人按合同约定完成了全部承包工作后，发包人应付给承包人的合同总金额。

4. 工程量清单

载明建设工程分部分项工程项目、措施项目、其他项目的名称和相应数量以及规费、税金项目等内容的明细清单。工程量清单依据建设工程发承包及实施过程的阶段不同，划分为招标工程量清单和已标价工程量清单。

（1）招标工程量清单

招标人依据国家标准、招标文件、设计文件以及施工现场实际情况编制的，随招标文件发布供投标报价的工程量清单，包括其说明和表格。

（2）已标价工程量清单

构成合同文件组成部分的投标文件中已标明价格，经算术性错误修正（如有）且承包人已确认的工程量清单，包括其说明和表格。

0.3 学习支持

【相关知识】

> 建筑装饰工程计量与计价的相关概念；
>
> 工程量清单的相关知识；
>
> 建筑装饰施工图纸的相关知识。

0.3.1 建筑装饰工程计量与计价的相关概念

1. 分部分项工程

分部工程是单项或单位工程的组成部分，是按结构部位、路段长度及施工特点或施工任务将单项或单位工程划分为若干分部的工程。

分项工程是分部工程的组成部分，是按不同施工方法、材料、工序及路段长度等将分部工程划分为若干个分项或项目的工程。

分部分项工程是分部工程和分项工程的总称。

2. 措施项目

为完成工程项目施工，发生于该工程施工准备和施工过程中的技术、生活、安全、环境保护等方面的项目。

3. 规费

根据国家法律、法规规定，由省级政府或省级有关权力部门规定施工企业必须缴纳的，应计入建筑安装工程造价的费用。

4. 增值税

国家税法规定的应计入建筑安装工程造价内的增值税额，按税前工程造价乘以增值税适用率确定。

5. 暂列金额

招标人在工程量清单中暂定并包括在合同款中的一笔款项。用于工程合同签订时尚未确定或者不可预见的所需材料、工程设备、服务的采购，施工中可能发生的工程变更、合同约定调整因素出现时的合同价款调整以及发生的索赔、现场签证确认等的费用。

6. 暂估价

招标人在工程量清单中提供的用于支付必须发生但暂时不能确定价格的材料、工程设备的单价及专业工程的金额。

7. 计日工

在施工过程中，承包人完成发包人提出的工程合同范围以外的零星项目或工作，按合同中约定的单价计价的一种方式。

8. 总承包服务费

总承包人为配合协调发包人进行的专业工程发包，对发包人自行采购的材料、工程设备等进行保管以及施工现场管理、竣工资料汇总整理等服务所需的费用。

0.3.2　工程量清单相关知识

1. 工程量清单的编制依据

（1）《房屋建筑与装饰工程工程量计算规范》GB 50854-2013，《建设工程工程量清单计价规范》GB 50500-2013。

（2）国家或省级行业建设主管部门颁发的计价依据和办法。

（3）建设工程设计文件。

（4）与建设工程项目有关的标准、规范、技术资料。

（5）拟定的招标文件。

（6）施工现场情况、工程特点及常规施工方案。

（7）其他相关资料。

2. 编写工程量清单总说明的内容

（1）工程概况：建设规模、工程特征、计划工期、施工现场实际情况、交通运输情况、自然地理条件、环境保护要求等。

（2）工程招标和分包范围。

（3）工程量清单编制依据。

（4）工程质量、材料、施工等的特殊要求。

（5）其他需要说明的问题。

（6）招标人自行采购材料的名称、规格、型号、数量等。

（7）预留金、自行采购材料的金额、数量。

0.3.3 其他的概念

1. 建设工程项目

建设工程项目是指为完成依法立项的新建、扩建、改建等各类工程而进行的、有起止日期的、达到规定要求的一组相互关联的受控活动组成的特定过程，包括策划、勘察、设计、采购、施工、试运行、竣工验收和考核评价等。

建设工程项目可分为单项工程、单位工程、分部工程和分项工程。

2. 单项工程

单项工程是建设工程项目的组成部分，是在一个建设工程项目中，具有独立的设计文件，竣工后可以独立发挥生产能力或效益的一组配套齐全的工程项目。一个建设工程项目有时仅包括一个单项工程，也可包括多个单项工程。

3. 单位工程

单位工程是单项工程的组成部分，是指具备独立施工条件并能形成独立使用功能的建筑物或构筑物。对于建筑规模较大的单位工程，可将其能形成独立使用功能的部分作为一个子单位工程。

0.3.4 建筑装饰施工图的特点

建筑装饰施工图与建筑施工图在绘图原理和图示标识形式方面存在许多一致，由于专业分工不同，建筑装饰施工图存在自身特点：

（1）多种画法并存——建筑装饰施工图中常出现建筑制图、家具制图、园林制图和机械制图等内容，存在多种画法并存的现象。

（2）表达内容较多——建筑装饰施工图所要表达的内容多，不仅要标明建筑的基本结构，还要标明装饰的形式、构造等内容。

（3）标准定型欠缺——标准定型化设计不足，可采用的标准图有限，许多局部和装饰构件等均需要专门绘制详图表达其构造。

（4）局部更加细腻——建筑装饰施工图中的局部装饰部位或空间一般需要较大比例，许多细部描绘较建筑施工图更加细腻。

0.3.5　建筑装饰施工图的类别

建筑装饰施工图分为建筑装饰效果图、建筑装饰施工图和室内设备施工图三类。

建筑装饰施工图又划分为基本图和详图。

基本图包括装饰平面图、装饰立面图、装饰剖面图。

装饰平面图包括装饰平面布置图、装饰顶棚平面图。

详图包括装饰构配件详图和装饰节点详图。

建筑装饰工程图纸的类别，见表0-2。

建筑装饰工程图分类表　　　　　　表0-2

建筑装饰工程图	建筑装饰效果图		
	室内设备施工图		
	建筑装饰施工图	基本图	装饰平面图
			装饰立面图
			装饰剖面图
		详图	装饰构配件详图
			装饰节点详图

注：基本图的"装饰平面图"一栏对应最右列"装饰平面布置图"和"装饰顶棚平面图"。

实际表格结构如下：

建筑装饰工程图	建筑装饰效果图		
	室内设备施工图		
	建筑装饰施工图	基本图	装饰平面图 → 装饰平面布置图 / 装饰顶棚平面图
			装饰立面图
			装饰剖面图
		详图	装饰构配件详图
			装饰节点详图

◼ 0.4　学习提醒

【学习提醒】

1. 掌握招标工程量清单与已标价工程量清单两个概念的区别与联系。

2. 了解单项工程、单位工程、分部工程及分部分项工程四个概念的区别与联系。

0-2

3. 分部分项工程的内涵。

4. 分部分项工程项目与措施项目的区别。

0.5 实践活动

【分析汇总】课程调研资料汇总见表0-3。

课程调查汇总表   表0-3

调查内容	课程名称的含义是什么？	
	工程计量的含义是什么？	
	工程计价的含义是什么？	
	装饰工程计价软件有哪些？	
	学习这门课程需要哪些基础知识？	
	学习这门课程能够培养哪些能力？	
	工程计量需要准备什么资料？	
	工程计价需要准备什么资料？	
	进行工程计量与计价需要哪些文具用品？	

【名词解释】

1. 建筑装饰工程：

2. 工程计量：

3. 工程计价：

4. 工程量清单：

5. 招标工程量清单：

6. 已标价工程量清单：

【多项选择题】（将正确选项填入括号）

1. 课程调研的常用形式有（   ）、基地调研等。

    A. 网络调研　　　　　　　B. 实地调研

    C. 电话调研　　　　　　　D. 查阅书籍

2. 工程量清单是指载明建设工程（   ）的名称和相应数量以及规费、税金项目等内容的明细清单。

    A. 分部分项工程项目　　　B. 措施项目

    C. 单项工程　　　　　　　D. 其他项目

3. 已标价工程量清单的特点是（   ）。

    A. 已标明价格　　　　　　B. 经算数性错误修正

    C. 承包人已确认　　　　　D. 属于投标文件

4. 下列叙述正确的有（   ）。

    A. 单项工程是建设工程项目的组成部分

    B. 单位工程是单项工程的组成部分

    C. 分部工程是单位工程的组成部分

    D. 分项工程是分部工程的组成部分

【判断题】（正确者括号前填"√"，错误者括号前填"×"）

1.（   ）规范《房屋建筑与装饰工程工程量计算规范》GB 50854-2013 适用于工业与民用的房屋建筑与装饰工程发承包及实施阶段计价活动中的工程计量和工程量清单编制。

2.（   ）工程量清单的英文应译为 bills of quantities（BQ）。

3.（   ）房屋建筑与装饰工程计价，必须按规范《房屋建筑与装饰工程工程量计算规范》GB 50854-2013 规定的工程量计算规则进行工程计量。

【简答题】

1. 简述工程量清单的编制依据。

2. 简述编写工程量清单总说明包括哪些内容。

0.6 活动评价

教学活动的评价内容与标准见表0-4。

教学评价内容与标准　　　　　　　　　　　表0-4

评价内容	指标	项目	评价标准	个人评价	小组评价	教师评价	综合评价
专业能力评价	知识技能	对建筑装饰工程概念的了解					
		对工程计量的认识					
		对工程计价的认识					
		对工程量清单内容的认识					
		对建筑装饰工程计量依据的了解					
		实践活动完成情况					
社会能力评价	情感态度	出勤、纪律					
		态度					
	参与合作	互动交流					
		协作精神					
	语言知识技能	口语表达					
		语言组织					
方法能力评价	方法能力	学习能力					
		收集和处理信息					
		创新精神					
评价合计							

注：评价标准可按5分制、百分制、五级制等形式，教师可根据具体情况实施。

0.7   知识链接

0-3

0.7.1   建筑装饰工程的作用

0.7.2   工程量清单计价的背景

0.7.3   相关术语

0.7.4   相关规范项目执行情况划分

0.7.5   《房屋建筑与装饰工程工程量计算规范》GB 50854-2013
总则

0.7.6   建筑装饰施工图表达的内容

0.7.7   常用专业名词中英文对照表

0.7.8   实践活动答案

项目一
酒店标间装饰工程计量与计价

【项目概述】

　　通过某酒店标间装饰工程项目计量与计价的学习，使学生掌握建筑装饰工程施工图的识读方法，了解建筑装饰工程的各分部工程进行计量与计价必须使用的相关材料、建筑装饰构造等知识，掌握建筑装饰工程工程量清单的编制方法，掌握建筑装饰工程工料分析方法以及直接工程费的计算方法，掌握建筑面积的计算方法，了解基本建设程序以及各个阶段对应的计价情况等。

任务1　门窗工程的计量

1.1.1　情景描述

【教学活动场景】

　　教学活动需要提供酒店标间装饰工程施工图纸、《建设工程工程量清单计价规范》GB 50500-2013、《房屋建筑与装饰工程工程量计算规范》GB 50854-2013；学生准备好16开的硬皮本、铅笔、多功能计算器、橡皮、直尺、签字笔等工具。

【学习目标】

掌握建筑装饰施工图的识读步骤；能够识读建筑装饰施工图纸；了解门窗工程的常用材料及构造；掌握门窗工程量清单的编制。

掌握工程量清单的基本概念、编制依据、编制内容、编制步骤；掌握门窗工程量清单的计算规则。

【关键概念】

工程量清单。

【学习成果】

学会编制门窗工程量清单。

1.1.2 任务实施

【复习巩固】

1. 工程量清单有几种？分别是什么名称？

【解释】工程量清单共有 5 种；名称分别是分部分项工程项目清单、措施项目清单、其他项目清单、规费项目清单、税金项目清单。

2. 一项分部分项工程项目清单的构成要素是什么？

【解释】任何一项分部分项工程清单是由：项目编码、项目名称、项目特征、计量单位和工程数量 5 部分构成。

3. 编制工程量清单需要依据哪些资料？

【解释】编制工程量清单需要依据下列资料：

（1）《房屋建筑与装饰工程工程量计算规范》GB 50854-2013，《建设工程工程量清单计价规范》GB 50500-2013。

（2）国家或省级、行业建设主管部门颁发的计价依据和办法。

（3）建设工程设计文件。

（4）与建设工程项目有关的标准、规范、技术资料。

（5）拟定的招标文件。

（6）施工现场情况工程特点及常规施工方案。

（7）其他相关资料。

【引入新课】

工程量清单是我们进行建筑装饰工程计量与计价的基础，必须牢记工程量清单的 5 大类别，掌握工程量清单的编制依据。进行建筑装饰工程计量与计价必须能够正确地识读建筑装饰工程施工图纸，这是能否准确计量与计价的前提。

1. 识读图纸

（1）建筑装饰施工图纸构成

建筑装饰施工图包括装饰平面图、立面图、顶棚图和详图。

（2）读图内容

◆ 查找相应图例

A. 本图纸中，M 代表门，C 代表窗。

B. 请同学们查找图 01，阅读《装饰装修施工说明》"二、建筑与装修"中的第 6 条：门为钢质和塑钢成品门，窗为铝合金成品门窗。

C. 请同学们查找图 06 的客房平面图，在图中查找 M1、M2、TC 在平面图中的位置。如图 1-1 和图 1-2 所示。

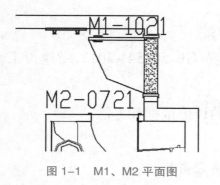

图 1-1　M1、M2 平面图

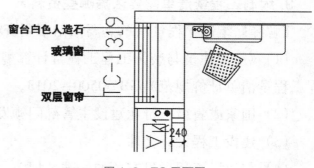

图 1-2　TC 平面图

◆ 确定计算项目

M1 为钢质防盗门（成品）；

M2 为塑钢平开门（成品）；

TC 为铝合金推拉窗（成品）。

◆ 查找对应尺寸（mm）

M1 尺寸：1000（宽）×2100（高）；

M2 尺寸：700（宽）×2100（高）；

TC 尺寸：1300（宽）×1900（高）。

2. 工程量清单编制

（1）M1 工程量清单编制

◆ 项目编码：

010802004001——防盗门

1-1

◆ 项目特征：

A. 门代号及洞口尺寸——M1，洞口尺寸 1000mm（宽）×2100mm（高）

B. 门框、扇材质——钢材

◆ 计量单位：樘或平方米

◆ 计算规则：

A. 以樘计量，按设计图示数量计算

B. 以平方米计量，按设计图示洞口尺寸以面积计算

◆ 计算结果：1 樘或 2.10m^2

◆ 计算过程：

（2）TC 工程量清单编制

◆ 项目编码：

010807001001——金属窗

◆ 项目特征：

A. 窗代号及洞口尺寸——TC，洞口尺寸 1300mm（宽）×1900mm（高）

B. 框、扇材质——铝合金

C. 玻璃品种、厚度——普通平板玻璃，厚 5mm

◆ 计量单位：樘或平方米

◆ 计算规则：

A. 以樘计量，按设计图示数量计算

B. 以平方米计量，按设计图示洞口尺寸以面积计算

◆ 计算结果：1 樘或 2.47m²

◆ 计算过程：

可以按樘作为单位：1 樘

可以按平方米作为单位：或 $1.3 \times 1.9 = 2.47m^2$

（3）成品木窗套工程量清单编制

◆ 项目编码：

010808007001——成品木窗套

◆ 项目特征：

A. 窗代号及洞口尺寸——TC，洞口尺寸 1300mm（宽）×1900mm（高）

B. 窗套展开宽度——700mm

C. 窗套材料品种、规格——窗套采用成品五合板；贴脸宽度 80mm

◆ 计量单位：樘或平方米或米

◆ 计算规则：

A. 以樘计量，按设计图示数量计算

B. 以平方米计量，按设计图示尺寸以展开面积计算

C. 以米计量，按设计图示中心以延长米计算。

◆ 计算过程：

按樘作为单位：1 樘

3. 工程量清单实例

填写 M1、TC 及木窗套的工程量清单，见表 1-1。

1-2

工程量清单　　　　　　　　　　　　　　　　　　　　表 1-1

序号	项目编码	项目名称	项目特征	计量单位	工程数量

注：本项目案例中的门窗工程量，均按平方米计。

1.1.3 学习支持

【相关知识】

> 建筑装饰施工图的识读步骤；
> 门窗的类别、组成和基本构造；
> 工程量清单相关知识及工程量清单样表。

1. 建筑装饰施工图的识读步骤

（1）建筑装饰平面图的识读

建筑装饰平面图的识读主要步骤：

第一步：识读图名、比例。先看图名、比例、标题栏，确认是什么布置图；

第二步：了解建筑平面图。看建筑平面基本结构及其尺寸，将各房间名称、面积及门窗、走廊、楼梯等主要位置和尺寸了解清楚；

第三步：了解位置形状。看建筑平面结构内的装饰结构，看装饰布局的平面布置、具体形状；

第四步：了解细部要求。看装饰饰面的材料、工艺要求及尺寸；

第五步：了解附属内容。看室内家具、设备、陈设、织物、绿化的摆放位置及说明；

第六步：识读顶棚平面。看顶棚平面图反映的房间顶面形状、装饰做法及所属设备的位置、尺寸等内容。

识读建筑装饰平面图应抓住面积、功能、装饰面、设施及建筑结构之间的五大关系。

（2）建筑装饰立面图的识读

建筑装饰立面图的识读主要步骤：

第一步：识读图名、比例。注意与装饰平面图进行对照，明确视图的投影关系和视图位置。

第二步：了解陈设、造型。注意与装饰平面图对照识读，了解室内家具、陈设、壁挂等的立面造型。

第三步：了解尺寸、要求。根据图中尺寸、文字说明，了解室内家具、陈设、壁挂等规格尺寸、位置尺寸、装饰材料和工艺要求。

第四步：了解式样、工艺。了解内墙面的装饰造型的式样、饰面材料、色彩和工艺要求。

第五步：了解顶棚情况。了解顶棚、吊顶的断面形式和高度尺寸。

第六步：了解索引内容。注意详图索引符号及表达的内容。

（3）建筑装饰详图的识读

建筑装饰详图的识读主要步骤：

第一步：寻找符号。应根据图名，在平面图、立面图中找到相应的剖切符号或索引符号，搞清剖切或索引的位置及视图投影方向。

第二步：了解内容。在详图中了解有关构件、配件和饰面的连接形式、材料、截面形状和尺寸等。

2. 门窗的类别与构造

（1）门的类别

◆　按材料分为：木门、钢门、铝合金门、塑钢门和玻璃门等。

◆　按开启方式分：平开门、推拉门、转门、卷帘门、弹簧门等。

（2）门的组成

门一般由门框、门扇、亮子和五金配件组成。

门扇通常有玻璃门、镶板门、夹板门、百叶门和纱门等。

（3）木门的构造

◆　门框

门框又称门樘，一般由两根边梃和上槛组成。门框在墙体内的安装分塞口和立口两种方式。门框与墙的结合部位，通常有贴脸、筒子板或门套加以装饰。

◆　门扇

A. 玻璃门、镶板门、百叶门和纱门

先用上下冒头和两根边梃作为骨架，组成门扇框架，有时中间还要加设一条或几条冒头或一条竖向中梃，在门扇框架间镶装玻璃板、门芯板、百叶板或窗纱。

B. 夹板门

先用木肋形成骨架，在骨架外面胶结胶合板、硬质纤维板或塑料板。

（4）窗的类别

◆ 按材料分为：木窗、钢窗、铝合金窗和塑钢窗。

◆ 按开启方式分：平开窗、固定窗、推拉窗（水平推拉窗、垂直推拉窗）、旋窗（上旋窗、中旋窗、下旋窗）。

◆ 按窗扇层数分：单层窗、双层窗。

（5）窗的组成

窗子一般由窗框、窗扇、玻璃和五金配件组成。

窗扇通常有玻璃窗扇、纱窗扇和百叶窗扇等。

（6）窗的构造

◆ 平开木窗

木窗框在墙体中有内平、外平和居中三种位置。木窗框与墙面内平者需要在墙面内侧做贴脸，木窗框小于墙厚者可以在墙侧面做筒子板或窗套。多雨地区，木窗框外面加设有披水板、滴水槽、积水槽及排水孔。

木窗扇一般由上下冒头和左右边梃组成，有的中间加设窗棂。多雨地区，木窗扇下冒头加设有披水板、滴水槽。

◆ 金属窗

铝合金窗是经阳极氧化和封孔出来后的铝合金型材加工而成，通常呈现银白色金属光泽，不需要涂漆。还可以通过表面着色和涂膜处理获得多种色彩，具有良好的装饰效果。窗框和窗扇采用铝合金型材，玻璃通常选用3～8mm厚度的平板玻璃、镀膜玻璃、钢化玻璃或中空玻璃，用橡胶压条密封固定，并避免玻璃与金属之间相互碰撞。

塑钢窗是采用添加多种耐候、耐腐蚀的添加剂的塑料，经挤压成型的型材组装制成的窗。为提高窗体抗弯曲变形的能力，在塑料型材中衬入金属型材或硬质塑料型材材质的加强筋。金属窗常采用的安装方式为塞口与立口。

3. 相关知识

（1）工程计量的有效数字规定

工程计量时每一项目汇总的有效数字应遵守下列规定：

◆ 以"t"为单位，应保留小数点后三位数字，第四位小数四舍五入。

◆ 以"m""m²""m³""kg"为单位，应保留小数点后两位数字，第三位小数四舍五入。

◆ 以"个""件""根""组""系统"为单位，应取整数。

（2）分部分项工程量清单编制要求

◆ 工程量清单应根据规范附录规定的项目编码、项目名称、项目特征、计量单位和工程量计算规则进行编制。

1-3

◆ 工程量清单的项目编码，应采用十二位阿拉伯数字表示，一至九位应按规范附录的规定设置，十至十二位应根据拟建工程的工程量清单项目名称和项目特征设置，同一招标工程的项目编码不得有重码。

◆ 工程量清单的项目名称应按规范附录的项目名称结合拟建工程的实践确定。

◆ 工程量清单项目特征应按规范附录中规定的项目特征，结合拟建工程项目的实际予以描述。

◆ 工程量清单所列工程量应按规范附录中规定的工程量计算规则计算。

◆ 工程量清单的计量单位应按规范附录中规定的计量单位确定。

◆ 门窗（橱窗除外）按成品编制项目，门窗成品价应计入综合单价中。若采用现场制作，包括制作的所有费用。

（3）措施项目清单编制要求

◆ 措施项目中列出了项目编码、项目名称、项目特征、计量单位、工程量计算规则的项目，编制工程量清单时，应按照本规则分部分项工程量清单的规定执行。

◆ 措施项目中仅列出项目编码、项目名称，未列出项目特征、计量单位和工程量计算规则的项目，编制工程量清单时，应按项目一中任务8的知识链接部分的清单原文的措施项目规定的项目编码、项目名称确定。

4. 工程量清单样表

工程量清单的样表包括工程量清单封面、总说明、分部分项工程量清单表、措施项目清单表、其他项目清单表、规费、税金项目清单表等，其标准格式，见表1-2～表1-15。

（1）招标工程量清单封面（表1-2）

招标工程量清单封面　　　　　　　　　　　　　　表1-2

_____工程

招标工程量清单

招　标　人：_____
（单位盖章）

造价咨询人：_____
（单位盖章）

年　　月　　日

（2）招标工程量清单扉页（表1-3）

招标工程量清单扉页　　　　　　　　　　　　　　表1-3

_____工程

招标工程量清单

招　标　人：_____　　　造价咨询人：_____
（单位盖章）　　　　　　　　　　　　　　　　　　　　　　　（单位资质专用章）

法定代表人　　　　　　　　　　　　　　　　　　法定代表人
或其授权人：_____　　　或其授权人：_____
（单位盖章）　　　　　　　　　　　　　　　　　　　　　　　（签字或盖章）

编　制　人：_____　　　复　核　人：_____
（造价人员签字盖专用章）　　　　　　　　　　　　　　　　（造价工程师签字盖专用章）

编制时间：　　　年　　月　　日　　　　复核时间：　　　年　　月　　日

（3）工程量清单总说明（表1-4）

工程量清单总说明　　　　　　　　　　　　　　表1-4

工程名称：　　　　　　　　　　　　　　　　　　　第　　页　共　　页

总说明

（4）分部分项工程和单价措施项目清单与计价表（表1-5）

分部分项工程和单价措施项目清单与计价表　　　　　　　　表 1-5

工程名称：　　　　　　　　标段：　　　　　　　　　　第 页 共 页

序号	项目编号	项目名称	项目特征描述	计量单位	工程量	金额（元）		
						综合单价	合价	其中
								暂估价
本页小计								
合计								

注：当计取规费时，可在表中增设其中："定额人工费"。

（5）总价措施项目清单与计价表（表1-6）

总价措施项目清单与计价表　　　　　　　　表 1-6

工程名称：　　　　　　　　标段：　　　　　　　　　　第 页 共 页

序号	项目编码	项目名称	计算基础	费率（%）	金额（元）	调整费率（%）	调整后金额（元）	备注
		安全文明施工费						
		夜间施工增加费						
		二次搬运费						
		冬雨期施工增加费						
		已完工程及设备保护费						

续表

序号	项目编码	项目名称	计算基础	费率（%）	金额（元）	调整费率（%）	调整后金额（元）	备注
		合计						

编制人（造价人员）：   复核人（造价工程师）：

注：1. 安全文明施工费的"计算基础"可为"定额基价""定额人工费"或"定额人工费 + 定额机械费"，
其他项目可为"定额人工费"或"定额人工费 + 定额机械费"；

2. 按施工方案计算的措施费，若无"计算基础"和"费率"的数值，也可只填"金额"数值，但
应在备注栏说明施工方案出处或计算方法。

（6）其他项目清单与计价汇总表（表1–7）

其他项目清单与计价汇总表　　　　　　　　　　　　　　　　表 1–7

工程名称：　　　　　　标段：　　　　　　　　　　第 　页　共 　页

序号	项目名称	金额（元）	结算金额（元）	备注
1	暂列金额			明细详见表1–8
2	暂估价			
2.1	材料（工程设备）暂估价/结算价			明细详见表1–9
2.2	专业工程暂估价/结算价			明细详见表1–10
3	计日工			明细详见表1–11
4	总承包服务费			明细详见表1–12
5	索赔与现场签证			明细详见表1–15
	合计			

注：材料（工程设备）暂估单价进入清单项目综合单价，此处不汇总。

（7）暂列金额明细表（表1–8）

暂列金额明细表 表 1-8

工程名称： 标段： 第 页 共 页

序号	项目名称	计量单位	暂定金额（元）	备注
1				
2				
3				
	合计			

注：此表由招标人填写，如不能详列，也可只列暂列金额总额，投标人应将上述暂列金额计入投标总价中。

（8）材料（工程设备）暂估单价及调整表（表 1-9）

材料（工程设备）暂估单价及调整表 表 1-9

工程名称： 标段： 第 页 共 页

序号	材料（工程设备）名称、规格、型号	计量单位	数量		暂估（元）		确认（元）		差额 ±（元）		备注
			暂估	确认	单价	合价	单价	合价	单价	合价	
	合计										

注：此表由招标人填写"暂估单价"，并在备注栏说明暂估价的材料、工程设备拟用在那些清单项目上，投标人应将上述材料、工程设备暂估单价计入工程量综合单价报价中。

（9）专业工程暂估价及结算价表（表 1-10）

专业工程暂估价及结算价表 表 1-10

工程名称： 标段： 第 页 共 页

序号	工程名称	工程内容	暂估金额（元）	结算金额（元）	差额 ±（元）	备注

续表

序号	工程名称	工程内容	暂估金额（元）	结算金额（元）	差额±（元）	备注
	合计					

注：此表"暂估金额"由招标人填写，投标人应将"暂估金额"计入投标总价中。结算时按合同约定结算金额填写。

（10）计日工表（表1-11）

计日工表   表1-11

工程名称：   标段：   第 页 共 页

编号	项目名称	单位	暂定数量	实际数量	综合单价（元）	合价（元）	
						暂定	实际
一	人工						
1							
2							
	人工小计						
二	材料						
1							
2							
	材料小计						
三	施工机械						
1							
2							
	施工机械小计						
四、企业管理费和利润							
	总计						

注：此表项目名称、暂定数量由招标人填写，编制招标控制价时，单价由招标人按有关计价规定确定；投标时，单价由投标人自主报价，按暂定数量计算合价计入投标总价中；结算时，按发承包双方确认的实际数量计算合价。

（11）总承包服务费计价表（表1–12）

总承包服务费计价表   表 1–12

工程名称：   标段：   第　页　共　页

序号	项目名称	项目价值（元）	服务内容	计算基础	费率（%）	金额（元）
1	发包人发包专业工程					
2	发包人提供材料					
	合计					

注：此表项目名称、服务内容由招标人填写，编制招标控制价时，费率及金额由招标人按有关计价规定确定；投标时，费率及金额由投标人自主报价，计入投标总价中。

（12）发包人提供材料和工程设备一览表（表1–13）

发包人提供材料和工程设备一览表   表 1–13

工程名称：   标段：   第　页　共　页

序号	材料（工程设备）名称、规格、型号	单位	数量	单价（元）	交货方式	送达地点	备注

注：此表由招标人填写，供投标人在投标报价、确定总承包服务费时参考。

（13）承包人提供材料和工程设备一览表（表1–14）（适用于造价信息差额调整法）

承包人提供材料和工程设备一览表   表 1–14

工程名称：   标段：   第　页　共　页

序号	名称、规格、型号	单位	数量	风险系数（%）	基准单价（元）	投标单价（元）	发承包人确认单价（元）	备注

续表

序号	名称、规格、型号	单位	数量	风险系数（%）	基准单价（元）	投标单价（元）	发承包人确认单价（元）	备注

注：1. 此表由招标人填写除"投标单价"栏的内容，投标人在投标时自主确定投标单价；
    2. 招标人应优先采用工程造价管理机构发布的单价作为基准单价，未发布时，通过市场调查确定其基准单价。

（14）索赔与现场签证计价汇总表（表1-15）

索赔与现场签证计价汇总表　　　　　　　　　表1-15

工程名称：　　　　　　标段：　　　　　　　　　第　页　共　页

序号	签证及索赔项目名称	计量单位	数量	单价（元）	合价（元）	索赔及签证依据
	本页合计					
	合　计					

注：签证及索赔依据是指双方认可的签证单和索赔依据的编号。

1.1.4　学习提醒

【学习提醒】

1. 掌握建筑装饰施工图中索引符号的类别。

【解释】索引符号根据用途的不同，可分为立面索引符号、剖切索引符号、详图索引符号、设备索引符号、部品部件索引符号五类。

2. 了解建筑制图的有关标准。

【解释】常见的建筑制图标准有：

（1）中华人民共和国住房和城乡建设部、中华人民共和国国家质量监督检验检疫总局联合发布的中华人民共和国国家标准：《建筑制图标准》GB/T

50104-2010；《房屋建筑制图统一标准》GB/T 50001-2017。

（2）中华人民共和国住房和城乡建设部发布的中华人民共和国行业标准：《房屋建筑室内装饰装修制图标准》JGJ/T 244-2011。

3. 掌握门窗工程量清单计量单位"樘"或"m²"的合理运用。

【解释】门窗工程量清单的计量单位有"樘"或"m²"，应用时注意：

门窗工程随工程项目整体编制工程量清单时，门窗的计量单位一般选择"m²"为宜，因为墙体、抹灰等工程量需要扣除门窗的"m²"工程量；同时，当地价格信息及价目表中门窗价格也是按照"m²"为计量单位。

门窗单独进行招标时，工程量清单的门窗单位一般选择"樘"。因为参与投标者多为门窗专业制作公司，他们投标报价是根据型材质量、重量、玻璃、五金要求等因素综合考虑，以"樘"为计量单位能更加准确反映不同门窗的单价构成。

1.1.5　实践活动

【多项选择题】

1. 门窗工程量清单的计量单位有：（　　　　）。

　　A. 个　　　　　　　　　B. 樘

　　C. 扇　　　　　　　　　D. m²

2. 工程计量时，应保留小数点后两位，第三位小数四舍五入的单位有：（　　　　）。

　　A. kg　　　　　　　　　B. 樘

　　C. m　　　　　　　　　D. m²

3. 门一般由（　　　　）组成。

　　A. 门框　　　　　　　　B. 门扇

　　C. 亮子　　　　　　　　D. 五金配件

4. 分部分项工程工程量清单均由项目编码、（　　　　）组成。

　　A. 项目名称　　　　　　B. 项目特征

　　C. 计量单位　　　　　　D. 工程数量

【判断题】

1. （　　　）以"t"为单位，应保留小数点后三位数字，第四位小数四舍五入。

2. （　　　）工程量清单项目编码的一至九位应按规范附录的规定设置。

3. （　　　）同一招标工程的项目编码可以有重码。

4. （　　　）金属窗常采用的安装方式为塞口与立口。

5. （　　　）金属门以平方米计量时，是按设计图示数量计算。

【简答题】

1. 简述建筑装饰施工图由几大类图纸组成。

2. 简述工程计量时每一项目汇总的有效数字应遵守哪些规定。

【计算题】

完成 M2 的工程量清单的编制，见表 1–16。

M2 工程量清单　　　　　　　　　　　　表 1–16

序号	项目编码	项目名称	项目特征	计量单位	工程数量

1.1.6　活动评价

教学活动的评价内容与标准，见表 1–17。

教学评价内容与标准　　　　　　　　　　　　表 1–17

评价内容	指标	项目	评价标准	个人评价	小组评价	教师评价	综合评价
专业能力评价	知识技能	装饰施工图识读步骤的掌握					
		门窗施工图纸认读					
		门窗清单完成情况					
		实践活动完成情况					

续表

评价 内容	指标	项目	评价 标准	个人 评价	小组 评价	教师 评价	综合 评价
社会 能力 评价	情感 态度	出勤、纪律					
		态度					
	参与 合作	互动交流					
		协作精神					
	语言 知识 技能	口语表达					
		语言组织					
方法 能力 评价	方法 能力	学习能力					
		收集和处理信息					
		创新精神					
评价合计							

注：评价标准可按5分制、百分制、五级制等形式，教师可根据具体情况实施。

1.1.7 知识链接

1. 工程量清单的原文

2. 实践活动答案

1—4

任务2 防水工程的计量

1.2.1 情景描述

【教学活动场景】

　　教学活动需要提供酒店标间装饰工程施工图纸、《建设工程工程量清单计价规范》GB 50500-2013、《房屋建筑与装饰工程工程量计算规范》GB 50854-2013；学生准备好16开的硬皮本、铅笔、多功能计算器、橡皮、直尺、签字笔等工具。

【学习目标】

能够识读建筑装饰施工图纸；了解防水工程的常用材料及构造；掌握防水工程工程量清单的编制；了解消耗量定额的概念、作用、分类、组成等内容。

【关键概念】

消耗量定额。

【学习成果】

学会编制防水工程工程量清单；学会查阅消耗量定额。

1.2.2　任务实施

【复习巩固】

1. 一项分部分项工程项目清单的构成要素是什么？

【解释】任何一项分部分项工程清单是由：项目编码、项目名称、项目特征、计量单位和工程数量五部分构成。

2. 工程量清单的项目编码有哪些要求？

【解释】项目编码采用十二位阿拉伯数字表示，一至九位应按计价规范附录的规定设置，十至十二位应根据拟建工程的工程量清单项目名称和项目特征设置，同一招标工程的项目编码不得有重码。

【引入新课】

前一节任务学习的是门窗工程工程量清单的编制，只是"建筑装饰工程计量与计价"中的计量部分，从本节任务开始，我们学习计量的同时，还要学习有关定额方面的知识，为今后学习工料分析以及直接工程费计算等内容打下坚实的基础。

进行建筑装饰防水工程计量，必须能够正确地识读建筑装饰工程施工图纸，这一节任务仍然从熟悉和识读建筑装饰施工图纸开始。

1. 识读图纸

（1）查找相应图例

请同学们查找图04——左下角，地坪用材索引。

（2）确定计算项目

客房卫生间（封闭）地面防水，采用JS防水涂料，墙四周上翻300mm，淋浴区墙体防水高度需要做到1800mm。

（3）确定计算范围

图06中的客房平面图，得知卫生间划分为盥洗间和淋浴间两部分。

图04中的立面索引图，得知5、6、7、8立面图上查盥洗间和淋浴间防水的具体尺寸。

（4）查找对应尺寸

在图07中：

5立面的地面防水长度=＿＿＿＿＿＿＿＿＿＿＿＿m

6立面的地面防水长度=＿＿＿＿＿＿＿＿＿＿＿＿m

7立面的地面防水长度=＿＿＿＿＿＿＿＿＿＿＿＿m

8立面的地面防水长度=＿＿＿＿＿＿＿＿＿＿＿＿m

在淋浴间的范围内，墙体防水高度，需要＿＿＿＿＿＿mm

盥洗间长＿＿＿＿m，宽＿＿＿＿m，上翻的墙面泛水高度＿＿＿＿m

淋浴间长＿＿＿＿m，宽＿＿＿＿m，上翻的墙面防水高度＿＿＿＿m

1-5

2. 工程量清单编制

卫生间防水工程量清单编制

◆ 项目编码：

地面防水：010904002001——楼面涂膜防水。

墙面防水：010903002001——墙面涂膜防水。

◆ 项目特征：

地面防水：防水膜品种——JS防水涂料（Ⅲ级防水）；翻边高度——300mm。

墙面防水：JS防水涂料（Ⅲ级防水）。

◆ 计量单位：m^2

◆ 计算规则：

A. 楼地面防水：按主墙间净空面积计算，扣除凸出地面的构筑物、设备基础等所占面积，不扣除间壁墙及单个面积不大于0.3m²柱、垛、烟囱和孔洞所占面积；

B. 楼地面防水：反边高度不大于300mm算作地面防水，翻边高度大于300mm按墙面防水计算；

C. 墙面防水：按设计图示尺寸以面积计算。

◆ 计算结果：

楼面防水：4.59m²

墙面防水：5.45m²

◆ 计算过程：

楼面防水：$1.97 \times 1.165 + (1.97 + 1.165 \times 2) \times 0.30 + 1.015 \times 0.995 = 4.59m^2$

注：根据计算规则，淋浴间内部突出柱角不扣，因为$0.18 \times 0.57 = 0.10 < 0.3m^2$

墙面防水：$(0.995 + 1.015 \times 2) \times 1.80 = 5.45m^2$

3. 工程量清单实例

地面防水工程量清单，见表1-18。

1-6

地面防水工程量清单　　　　　　　　　　表 1-18

序号	项目编码	项目名称	项目特征	计量单位	工程数量

1.2.3　学习支持

【相关知识】

防水的类别、组成和基本构造；
定额相关知识。

1. 防水的类别与构造

（1）防水的类别

◆ 按防水方式分：构造防水和材料防水。

构造防水是指对建筑构件采取构造措施，通过特殊的设计和处理，在构件上对水的通道设置障碍的防水方式。

材料防水是指在防水的重点部位添加各种防水材料，利用材料本身的防水性能达到预期防水目的的防水方式。

◆ 按防水材料分：刚性防水、柔性防水和涂膜防水。

刚性防水是指在刚性材料中添加了防水材料，以阻断毛细管孔隙的防水方式。具有防水和承重双重功能，但对温度变化和结构变形较敏感。

柔性防水是指采用具有一定延展性、弹性且不透水的材料进行防水的方式。柔性材料可以在一定范围内适应微小的变形，一般采用卷材形式进行铺贴。

涂膜防水是指采用可塑性、粘结力较强的涂料生成不透水薄膜附着在基层表面实施防水，或者与基层表面发生化学反应生成不溶物质封闭基层表面孔隙的防水方式。

◆ 按易漏部位分：地下室防水、屋面防水、室内浴厕间防水、外墙板缝防水、特殊建筑物防水和特殊部位防水（如水池、水塔、室内游泳池、喷水池、室内花园等）。

（2）防水的构造

◆ 刚性防水构造要点

因为防水砂浆屋面应用较少，这里主要介绍细石混凝土防水屋面的构造要点。目前工程中较多采用厚 35 ~ 40mm 混凝土整浇密实，并出浆抹光，中层偏上部位配置 Φ4 ~ Φ6@200 双向钢筋。

为防止因热胀冷缩、楼板变形、材料干缩及沉降变形引起防水层裂缝，一般采用配筋、提高混凝土防水性能、设置分格缝、设置隔离层等措施提高刚性防水性能。

◆ 柔性防水构造要点

柔性防水主要采用卷材形式，现有多种新型防水材料。其施工方法和要求各有差异，但构造处理上仍以油毡防水构造处理原理为基础。

一般在结构层或保温层上做 15 ~ 30mm 厚找平层，上面涂刷结合层，铺贴防水卷材，最上层做保护层。不上人屋面做绿豆砂保护层，上人屋面可在防水层上浇筑 30 ~ 40mm 厚细石混凝土，也可用 20mm 厚 1 : 3 水泥砂浆铺贴地砖或混凝土预制板等。

◆ 涂膜防水构造要点

涂膜防水又称涂料防水，防水涂料有单一组分产品，也有双组分产品。双组分产品施工时应按规定的比例及方法准确配制，分层涂刷，直到达到设计厚度。有时施工时加入一层或几层纤维性的增强材料，防止生成的防水涂膜被拉裂。

涂膜防水在构造上同样需要做找平层、结合层、防水层和保护层，有时内部添加纤维材料做的加强层。其中对结构层、找平层和保护层的要求与柔性防水基本相同。

2. 定额的相关知识

（1）定额的概念

◆ 消耗量定额

根据合理的施工方法和正常的施工条件，由省工程造价
管理机构编制，建设主管部门颁发的生产一个规定计量单位

1-7

工程合格产品所需人工、材料和施工机械台班的社会平均消耗量标准。

◆ 企业定额

施工企业根据本企业的施工技术、机械装备和管理水平而编制的人工、材料和施工机械台班等的消耗标准。

◆ 建筑装饰工程消耗量定额

在正常的施工条件下，为了完成一定计量单位的合格的建筑装饰工程产品所必须消耗的人工、材料、机械台班的数量标准。

（2）建筑装饰工程消耗量定额的作用

◆ 计划组织管理的依据；

作为编制工程计划、组织和管理施工的重要依据。为了更好地组织和管理施工生产，必须编制施工进度计划。在编制计划和组织管理施工生产

中，直接或间接地要以各种消耗量定额作为计算人力、物力和资金需要量的依据。

◆ 评定优选方案的依据；

作为评定优选建筑装饰工程设计方案的依据。工程项目设计是否经济，可以依据工程消耗量定额来确定该项工程设计的技术经济指标，通过对建筑装饰工程的多个设计方案的技术经济指标的比较，确定设计方案的经济合理性，择优选用方案。

◆ 编制分项量价的依据；

作为编制建筑装饰工程工料分析和分项单价的依据。根据装饰工程施工方法、建筑市场供应状况及消耗量定额中规定的人工、材料、机械设备的消耗量标准，按照各地现行人工、材料、机械台班单价和各种工程费用的标准确定各建筑装饰工程分项的单位价格和工料数量。

◆ 实施经济承包的依据；

作为建筑装饰企业和工程项目部实行经济责任制的重要依据。建筑装饰工程施工企业对外必须编制装饰工程投标报价；对内实施内部发包、计算最高限价，实施工程成本计划、成本控制以及办理工程竣工结算等工作，均以建筑装饰工程消耗量定额为依据。

◆ 总结先进方法的手段；

作为建筑装饰施工生产企业总结先进生产方法的手段。利用消耗量定额的标定方法，对同一建筑装饰工程产品在同一施工操作条件下的不同生产方式的过程进行观测、分析和总结，找到比较先进的生产方法；或者对某种条件下形成的某种生产方法，通过对过程消耗量状态的比较来确定它的先进性。

（3）建筑装饰工程消耗量定额的性质

◆ 消耗量定额的科学性；

消耗量定额的科学性主要表现在两个方面：一是它的编制坚持在遵循客观规律的基础上，采用科学的方法确定各分项项目的资源消耗量标准。二是它的编制依据资料来源广泛而真实，各项消耗量指标的确定是在认真研究和总结广大工人生产实践基础上，实事求是地广泛收集资料，经过科学的分析研究得出。

◆　消耗量定额的权威性；

消耗量定额的权威性是指消耗量定额一经国家、地方主管部门或授权单位或者生产单位制定颁发，即具有相应的权威性和调控功能，对产品生产过程的消耗量具有实际指导意义，并为全社会或者一定区域所公认。建筑装饰工程消耗量定额的权威性保证了建筑装饰工程有统一的建筑装饰工程计量、工程计价方法和工程成本核算的尺度。

◆　消耗量定额的群众性；

各分项项目的消耗量标准均由生产工人、技术人员、管理人员、消耗量定额管理工作专职人员在施工生产实践中确定，反映产品生产的实际水平，并保持一定的先进性。消耗量定额标定后又经生产实践检验，使其水平是多数施工企业和职工经过努力能够达到的水平。消耗量定额的拟定来源于群众，消耗量定额的执行服务于群众，体现从群众中来到群众中去的原则。

◆　消耗量定额的相对稳定性；

消耗量定额反映一定时期的生产力水平。社会的不断发展，生产力水平总是不断提高。所以，任何消耗量定额都具有时效性，作为消耗量标准按照工程的使用情况每隔一段时期就应修订或编制新的消耗量定额。当然也应当在一段时期内保持一个相对稳定的状态。

建筑装饰工程消耗量定额的时效性尤为突出，因为建筑装饰工程设计标准变化快，补充内容多，新材料、新工艺、新方法等方面都发展迅速。建筑装饰工程分项项目的工作内容变化很大，因此，建筑装饰工程分项工程消耗量的调整换算比较频繁，应用中必须引起重视。

（4）消耗量定额的分类

◆　按生产要素分

物质资料生产的三要素是指劳动者、劳动手段和劳动对象。劳动者是指生产工人，劳动手段是指生产工具和机械设备，劳动对象是指产品生产过程中所需的材料。按此三要素分类可分为人工消耗量定额、材料消耗量定额、机械台班消耗量定额。

A. 人工消耗量定额

人工消耗量定额又称劳动消耗量标准，它反映生产工人的劳动生产率水平。根据其表示形式可分成时间定额和产量定额。

时间定额——又称时间消耗标准，是指在合理的劳动组织与合理使用材料的条件下，为完成质量合格的单位工程产品所需消耗的劳动时间。时间标准通常以"工日"为单位。

产量定额——又称每工产量，是指在合理的劳动组织与合理使用材料的条件下，规定某工种某等级的工人（或工人小组）在单位工作时间内应完成质量合格的工程产品的数量标准。产量标准通常以"产品数量/工日"表示。

B. 材料消耗量定额

材料消耗量定额又称材料消耗量标准，是指在节约的原则和合理使用材料的条件下，生产质量合格的单位工程产品所必需消耗的一定规格的质量合格的材料（原材料、成品、半成品、构配件、动力与燃料）的数量标准。

C. 机械台班消耗量定额

机械台班消耗量定额又称机械台班使用定额，简称机械消耗标准。它是指机械在正常运转的状态下，合理地、均衡地组织施工和正确使用施工机械的条件下，某种机械单位时间内的生产效率。按其表示形式的不同亦可分成机械时间定额和机械产量定额。

机械时间定额——又称机械时间消耗量标准，是指在施工机械运转正常时，合理组织和正确使用机械的施工条件下，某种类型机械为完成符合质量要求的单位工程产品所必需消耗的机械工作时间。机械时间定额的单位以"台班"表示。

机械产量定额——又称机械产量标准，是指在施工机械正常运转时，合理组织和正确使用机械的施工条件下，某种类型的机械在单位机械工作时间内，应完成符合质量要求的工程产品数量。机械产量定额单位以"产品数量/台班"表示。

◆ 按消耗量定额编制程序和用途划分

建筑装饰工程消耗量定额可分为：施工消耗量定额、预算消耗量定额、概算消耗量定额及概算指标。其中，施工消耗量定额属于"生产型定额"，其余为"计价型定额"。

A. 施工消耗量定额

施工消耗量定额是指在正常施工条件下，为完成单位合格的施工产品（施工过程）所必需消耗的人工、材料和机械台班的数量标准。

施工消耗量定额以同一性质的施工过程为对象，通过技术测定、综合分析和统计计算确定。它是施工企业组织施工生产和加强企业内部管理使用的一种消耗量定额，是一种生产型的消耗量标准，是指导现场施工生产的重要依据，也是工程量清单报价的依据。

B. 预算消耗量定额

预算消耗量定额是指在正常施工条件下，为完成一定计量单位的分项工程或结构构件所需消耗的人工、材料、机械台班的数量标准。

预算消耗量定额是一种计价性的消耗量定额，是计算工程招标最高限价和确定投标报价的主要依据。《全国统一建筑装饰装修工程消耗量定额》GYD 901-2002 就是属于预算消耗量定额，是计算确定建筑装饰工程预算造价的主要依据。

C. 概算消耗量定额

概算消耗量定额又称为扩大结构消耗量定额。是指在正常施工条件下，为完成一定计量单位的扩大结构构件、扩大分项工程或分部工程所需消耗的人工、材料和机械台班消耗的数量标准。它属于计价性的消耗量定额，是计算确定建筑装饰工程设计概算造价的主要依据。

D. 概算指标

概算指标是指在正常施工条件下，为完成一定计量单位的建筑物或构筑物所需消耗的人工、材料、机械台班的资源消耗量和造价指标量。如每100m^2 某种类型建筑物所需消耗某种资源的数量指标或者造价指标。概算指标较概算消耗量定额更综合扩大，故有扩大结构消耗量定额之称。其本质属于计价型的消耗量定额，是计算确定建筑装饰工程设计概算造价的主要依据。

◆ 按主编单位及执行范围划分

消耗量定额按主编单位及执行范围可分为：全国统一消耗量定额，地方统一消耗量定额，专业专用消耗量定额，企业消耗量定额。

A. 全国统一消耗量定额

全国统一消耗量定额是由国家或国家行政主管部门综合全国建筑安装工

程施工生产技术和施工组织管理水平而编制的，在全国范围内执行。如《全国建筑安装工程统一劳动定额》《全国统一安装工程预算定额》《全国统一建筑装饰装修工程消耗量定额》GYD 901—2002 等。

B. 地方统一消耗量定额

地方统一消耗量定额是由国家授权地方政府行政主管部门参照全国消耗量定额的水平，考虑本地区的特点（气候、经济环境、交通运输、资源供应状态等条件）编制，在本地区范围内适用的消耗量定额。如各省编制的建筑工程预算消耗量定额。

C. 专业专用消耗量定额

专业专用消耗量定额是由国家授权各专业主管部门，根据本专业生产技术特点，结合基本建设的特点，参照全国统一消耗量定额的水平编制，在本专业范围内执行的消耗量定额。如水利水电消耗量定额、公路工程消耗量定额、矿山建筑工程消耗量定额等。

D. 企业消耗量定额

企业消耗量定额是由生产企业参照国家统一消耗量定额的水平，考虑地方特点，根据工程项目的具体特征，按照本企业的生产技术应用与经营管理经验的实际情况编制的，在本企业内部或在批准的一定范围内执行的消耗量定额。

企业消耗量定额充分反映生产企业的技术应用与经营管理水平的实际情况，其消耗量标准更切合工程施工过程的实际状况，更有利于推动企业生产力的发展，在市场经济条件下，推行企业消耗量定额意义尤为重要。企业定额是编制和复核投标报价的依据。

◆　按工程费用性质划分

消耗量定额按费用性质可分为：直接费消耗量定额、间接费消耗量定额、其他费用消耗量定额。

A. 直接费消耗量定额

直接费消耗量定额。是用来计算分部分项工程项目和施工措施项目直接工程费的消耗量标准。在工程计价过程中，利用消耗量标准计算确定人工、材料、机械台班的消耗量，计算分部分项工程项目和施工措施项目的直接工程费以及分项人工费、分项材料费、分项机械使用费。人们通常所说的计价型消耗量定额属于直接费定额，如《建筑工程预算定额》《全国统一建筑装饰装修工程消耗量定额》《建筑工程概算定额》等。

B. 间接费消耗量定额

间接费消耗量定额又称间接费取费标准，是指用来计算工程项目直接工程费以外的有关工程费用的费率标准。直接工程费和部分措施项目费是根据分部分项工程和措施项目的分项人工、材料、机械消耗量标准计算而得。工程其他的有关费用（如施工管理费、规费等）通常都采用规定的计算基数乘以相应的费率来确定，所以各类工程间接费的费率被称为"取费标准"。

C. 其他费用消耗量定额

其他费用消耗量定额又称其他费用取费标准，是指用来确定各项工程建设其他费用（包括土地征用、青苗补贴、建设单位管理费等）的计费标准。

1.2.4　学习提醒

【学习提醒】

1. 掌握消耗量定额按生产要素划分为人工消耗量定额、材料消耗量定额和机械台班消耗量定额；人工消耗量定额按表示形式可以划分为时间定额和产量定额；机械台班消耗量定额按表示形式可以划分为机械时间定额和机械产量定额。

2. 楼（地）面防水、防潮工程的工程量计算规则一定要注意按主墙间的净空面积计算，主墙是指厚度大于 180mm 的墙体；同时，要注意应扣除的面积和不扣除的面积的要求。

3. 楼（地）面防水反边高度不大于 300mm 算作地面防水，反边高度大于 300mm 按墙面防水计算。

4. 2020 年 7 月 24 日，住房和城乡建设部发布《住房和城乡建设部办公厅关于印发工程造价改革工作方案的通知》（建办标 [2020]38 号），决定在全国房地产开发项目，部分省市国有资金投资的房屋建筑、市政公用工程项目进行工程造价改革试点。其中有取消最高投标限价按定额计价的规定，以及逐步停止发布预算定额等改革举措。

1.2.5 实践活动

【多项选择题】

1. 按照防水方式分为：（　　　　）。

    A. 刚性防水　　　　　　　　B. 涂膜防水

    C. 构造防水　　　　　　　　D. 材料防水

2. 建筑物易漏的部位有：（　　　　）和特殊部位防水等。

    A. 地下室防水　　　　　　　B. 屋面防水

    C. 室内浴厕间防水　　　　　D. 外墙板缝防水

3. 企业定额是施工企业根据本企业的（　　　　）而编制的资源消耗标准。

    A. 施工技术　　　　　　　　B. 机械装备

    C. 管理水平　　　　　　　　D. 材料价格

4. 建筑装饰工程消耗量定额具有（　　　　）等性质。

    A. 科学性　　　　　　　　　B. 权威性

    C. 群众性　　　　　　　　　D. 相对稳定性

5. 物资资料生产的三要素是指（　　　　）。

    A. 劳动者　　　　　　　　　B. 劳动手段

    C. 劳动群众　　　　　　　　D. 劳动对象

6. 消耗量定额按生产要素分为：（　　　　）。

    A. 时间消耗量定额　　　　　B. 材料消耗量定额

    C. 机械台班消耗量定额　　　D. 人工消耗量定额

7. 机械台班消耗量定额按其表现形式不同可分为：（　　　　）。

    A. 机械时间定额　　　　　　B. 机械材料定额

    C. 机械产量定额　　　　　　D. 机械人工定额

8. 概算消耗量定额属于（　　　　）。

    A. 时间定额　　　　　　　　B. 生产型定额

    C. 计价型定额　　　　　　　D. 材料定额

【判断题】

1. (　　　) 施工定额属于计价型定额。

2. (　　　) 机械产量单位通常以"成品数量／工日"表示。

3. (　　　) 刚性防水是指在柔性材料中添加了防水材料,以阻断毛细管孔隙的防水方式。

4. (　　　) 消耗量定额通常由各省工程造价管理机构编制,建设主管部门颁发。

5. (　　　) 企业定额是施工企业根据本地区的施工技术、机械装备和管理水平而编制的人工、材料和机械的消耗量标准。

6. (　　　) 建筑装饰消耗量定额具有计划组织管理及评定优选方案的作用。

7. (　　　) 楼(地)面防水反边高度为500mm,应按墙面防水计算。

【简答题】

1. 简述建筑装饰工程消耗量定额的作用。

2. 简述建筑装饰工程消耗量定额的性质。

【计算题】

假设酒店标间的卫生间防水采用APP改性沥青卷材(冷贴法),请完成卫生间的工程量清单的编制,见表1–19。

工程量清单　　　　　　　　　　　　　　表1–19

序号	项目编码	项目名称	项目特征	计量单位	工程数量

1.2.6　活动评价

教学活动的评价内容与标准,见表1–20。

1–8

教学评价内容与标准 表 1–20

评价内容	指标	项目	评价标准	个人评价	小组评价	教师评价	综合评价
专业能力评价	知识技能	装饰施工图识读步骤掌握					
		防水施工图纸认读					
		防水清单学习情况					
		实践活动完成情况					
社会能力评价	情感态度	出勤、纪律					
		态度					
	参与合作	互动交流					
		协作精神					
	语言知识技能	口语表达					
		语言组织					
方法能力评价	方法能力	学习能力					
		收集和处理信息					
		创新精神					
评价合计							

注：评价标准可按 5 分制、百分制、五级制等形式，教师可根据具体情况实施。

1.2.7 知识链接

1. 工程量清单的原文

2. 实践活动答案

1–9

任务3 楼地面工程的计量与计价

1.3.1 情景描述

【教学活动场景】

教学需要提供酒店标间装饰工程施工图纸,《建设工程工程量清单计价规范》GB 50500-2013、《房屋建筑与装饰工程工程量计算规范》GB 50854-2013、当地建设主管部门的消耗量定额、调研材料价格信息。

【学习目标】

能够识读楼地面装饰施工图纸;了解楼地面工程的常用材料及构造;掌握楼地面工程量清单的编制。理解定额的概念,应用当地消耗量定额确定人工、材料、机械机具的消耗量做工料分析表。掌握楼地面直接工程费的计算。

【学习成果】

编制酒店标准间的楼地面的工程量清单;计算酒店标间楼面所需要的主要装饰材料用量;计算完成酒店标间楼面的装饰所需的直接工程费。

1.3.2 任务实施

【复习巩固】

1. 防水工程按防水材料可以划分为几类?

【解释】防水工程按防水材料可以划分为刚性防水、柔性防水和涂膜防水三类。

2. 建筑装饰工程消耗量定额具有哪些性质?

【解释】建筑装饰工程消耗量定额具有的性质:科学性、权威性、群众性和相对稳定性。

3. 消耗量定额按生产要素可以划分为哪三类？

【解释】消耗量定额按生产要素可以划分为：人工消耗量定额、材料消耗量定额和机械台班消耗量定额三类。

【引入新课】

楼面、地面是装饰装修中很重要的工作之一，下面从楼地面装饰施工图的识读、工程量计算、材料消耗量的计算及直接工程费确定方面实施。

1. 识读楼地面装饰图纸

（1）读图内容

查看附录 1，由图纸说明中"材料表""客房地坪图"及"地坪用材索引"可知：

◆ 客房地面做法：在原水泥地坪上铺强化复合地板（深樱桃木色），与其他地坪区域接口处用 PVC 宽圆角条（同地板色）压缝。

◆ 房间走廊（即玄关）地面做法：铺 300mm × 300mm 地砖。

◆ 客房及玄关墙面下 80mm 高、12mm 厚不锈钢踢脚线。

◆ 卫生间地面铺 300mm × 300mm 米白色防滑地砖，下面作 JS 防水（Ⅲ级）。

◆ 客房门口下铺黑色大理石过门石，并用 PVC 木色压边条。卫生间门下也铺黑色大理石过门石。

◆ 卫生间有黑色大理石挡水坎，高于地面 90mm，宽度 60mm，棱角磨圆角，在有玻璃的地方开槽安装，淋浴房门扇处不需开槽。

（2）确定计算项目

根据以上分析及《房屋建筑与装饰工程工程量计算规范》GB 50854–2013，楼地面部分可列以下清单项目：

◆ 强化复合地板：客房地面，含 PVC 宽圆角条；

◆ 地砖楼面：房间走廊（即玄关）；

◆ 不锈钢踢脚线：卧室及玄关墙面下；

◆ 防滑地砖：卫生间地面（地面下 JS 防水（Ⅲ级）单独列项）；

◆ 大理石过门石：客房门口下、卫生间门下；

◆ 大理石挡水坎：卫生间。

（3）查找对应尺寸

由附录 1 "立面索引" 图知卧室四面的编号分别 1、2、3、4；卫生间四面的编号分别为 5、6、7、8。再由 "1 立面图～4 立面图" 知道卧室尺寸，如图 1-3 所示。由 "5 立面图～8 立面图" 知道卫生间尺寸，如图 1-3 所示。

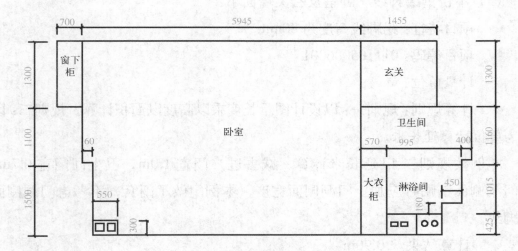

图 1-3 地面尺寸图

2. 工程量清单编制

（1）强化复合地板（客房地面）

◆ 项目特征：水泥砂浆找平，铺设强化复合地板，PVC 宽圆角条压边。

◆ 项目编码：011104002001

◆ 计量单位：m^2

◆ 计算规则：按图示尺寸以面积计算。

◆ 计算结果：$22.93m^2$

◆ 计算过程：$5.945 \times 3.9 - 0.06 \times 1.5 - 0.55 \times 0.3 = 22.93m^2$

（2）地砖楼面—房间走廊（即玄关）

◆ 项目特征：素水泥浆一道，5mm 厚水泥砂浆 1:2（掺建筑胶），铺

$300mm \times 300mm$ 地砖。

◆ 项目编码：011102003001

◆ 计量单位：m^2

◆ 计算规则：按设计尺寸以面积计算。门洞、空圈、暖气包槽、壁龛的开口部分并入相应的工程量内。

注：客房门洞下及卫生间门洞下另设过门石单独列项计算。

◆ 计算结果：$1.89m^2$

◆ 计算过程：$1.455 \times 1.3 = 1.89m^2$

（3）不锈钢踢脚线—卧室及玄关墙面下：

◆ 项目特征：踢脚线高度为80mm。

◆ 项目编码：011105006001

◆ 计量单位：m

◆ 计算规则：规则一：以设计图示长度乘以高度以面积计算。规则二：以米为单位计算延长米。

本例按规则二 以延长米计算，减去进户门宽1.0m，卫生间门宽0.7m。当门洞侧面铺贴时应加上门洞侧面宽度，本例门做了门套，不考虑门洞侧面踢脚线。

◆ 计算结果：20.90m

◆ 计算过程：$(5.945+1.455+3.9) \times 2-1.0-0.7=20.90m$

（4）防滑地砖（卫生间、淋浴室地面）

◆ 项目特征：在找平层（向地漏找坡）上：素水泥浆一道，5mm厚水泥砂浆1:2（掺建筑胶），铺 $300mm \times 300mm$ 防滑地砖。

◆ 项目编码：011102003002

◆ 计量单位：m^2

◆ 计算规则：规则同"（2）地砖楼面"。

◆ 计算结果：$3.30m^2$

◆ 计算过程：$1.965 \times 1.165+0.995 \times (0.955+0.06)=3.30m^2$

（5）大理石过门石（可以按"石材零星项目"列项）

◆ 项目特征：黑色大理石过门石，尺寸为门洞洞宽 × 墙厚；用PVC木色压边。

◆ 项目编码：011108001001

◆ 计量单位：m^2

◆ 计算规则：按设计图示尺寸以面积计算。此处按门洞宽 × 墙厚计算。

◆ 计算结果：0.32m^2

◆ 计算过程：$1.0 \times 0.24 + 0.7 \times 0.12 = 0.32m^2$

（6）大理石挡水坎—卫生间有黑色（可以按"石材踢脚线"列项）。

◆ 项目特征：90mm × 60mm 黑色大理石挡水坎。

◆ 项目编码：011105002001

◆ 计量单位：m

◆ 计算规则：按长度计算。

◆ 计算结果：1m

◆ 计算过程：$0.195 + 0.6 + 0.2 = 1.00m$

1–10

3. 工程量清单表

将工程量清单按标准格式编制，见表 1–21。

楼地面工程量清单　　　　　　　　　　　　　　　　　　表 1–21

序号	项目编码	项目名称	项目特征	计量单位	工程数量

4. 工料分析

地面工料分析

依据消耗量定额或企业定额，确定完成楼地面装饰项目所需消耗的人工、材料、机械数量。本例以当地的《建筑装饰工程消耗量定额》为依据，进行地面项目的工料分析。

◆　对酒店客房木地板项目进行工料分析，木地板铺设前用 20mm 厚水泥砂浆找平，再铺设硬木地板，木地板的工料分析，见表 1-22，水泥砂浆找平的工料分析，见表 1-23（表中"合计用量"为"定额量"与"定额用量"的乘积）。

复合木地板工料分析表　　　　　　　　　　　　　　　　　　　　　　　表 1-22

工程名称：某酒店标间装饰工程　　　　　　　　　　　　　　第 1 页　共　　页

子目名称		硬木不拼花地板企口	计量单位	100m²	定额量	0.229
定额编号		10-128				
名称		单位	定额用量	合计用量		备注
人工	综合工日	工日	48.40	11.084		
材料	硬木地板（企口）成品	m²	105.00	24.045		
	棉纱头	kg	1.00	0.229		
	胶 XY-401	kg	70.00	16.030		
	水胶粉	kg	16.00	3.664		
	水	m³	5.20	1.191		

水泥砂浆找平层工料分析表　　　　　　　　　　　　　　　　　　　　　表 1-23

工程名称：某酒店标间装饰工程　　　　　　　　　　　　　　第 1 页　共　　页

子目名称		水泥砂浆楼地面	计量单位	100m²	定额量	0.229
定额编号		10-1				
名称		单位	定额用量	合计用量		备注
人工	综合工日	工日	10.740	2.459		
材料	素水泥浆一道	m³	0.101	0.023		
	20mm 厚水泥砂浆 1∶2.5	kg	2.020	0.463		
	水	kg	3.800	0.110		
	草袋子	kg	22.000	5.038		
机械	灰浆搅拌机	台班	0.340	0.078		

◆　对客房入口处玄关块料地面的工料分析，见表 1-24。

块料楼面工料分析表　　　　　　　　　　　表 1–24

工程名称：某酒店标间装饰工程　　　　　　　　　　第 1 页　共　　页

子目名称		块料楼面	计量单位	100m²	定额量	0.019
定额编号		10-164				
名称		单位	定额用量	合计用量		备注
人工	综合工日	工日	26.360	0.501		
材料	棉纱头	kg	1	0.019		
	水	m³	0.65	0.012		
	素水泥浆（掺建筑胶）一道	m³	0.101	0.002		
	5mm 厚水泥砂浆（掺建筑胶）1：2	m³	0.55	0.010		
	锯木屑	m³	0.6	0.011		
	白水泥	kg	10.3	0.196		
	陶瓷地面砖周长 1200mm 以内	m²	102.5	1.948		
	石料切割锯片	片	0.32	0.006		
机械	灰浆搅拌机	台班	0.09	0.002		
	石料切割机	台班	1.51	0.029		

5. 分部分项工程基价的确定

通过市场调查或网上询价等方式，确定人工、各种材料及机械的单价，确定完成分部分项项目的基价。表中基价是完成单位合格产品所需的人工费、材料费及机械费之和。

（1）复合木地板基价计算过程，见表 1–25。

（2）水泥砂浆找平层的基价计算过程，见表 1–26。

木地板基价计算表　　　　　　　　　　　表 1–25

工程名称：某酒店标间装饰工程　　　　　　　　　　第 1 页　共　　页

子目名称	硬木地板（企口）	计量单位	100m²
定额编号	10-128		
定额基价	21006.32		
其中：人工费（元）	4167.24		
材料费（元）	16839.08		
机械费（元）	0		

续表

	名称	单位	定额用量	定额单价	合价	备注
人工	综合工日	工日	48.40	86.10	4167.24	
材料	硬木地板（企口）成品	m²	105.00	150.00	15750.00	
	棉纱头	kg	1.00	8.00	8.00	
	胶 XY-401	kg	70.00	11.43	800.10	
	水胶粉	kg	16.00	16.31	260.96	
	水	m³	5.20	3.85	20.02	

水泥砂浆找平层基价计算表 表 1-26

工程名称：某酒店标间装饰工程 第 1 页 共 页

子目名称	水泥砂浆楼地面		计量单位	100m²
定额编号	10-1			
定额基价	1475.82			
其中：人工费（元）	924.71			
材料费（元）	527.01			
机械费（元）	24.10			

	名称	单位	定额用量	定额单价	合价	备注
人工	综合工日	工日	10.74	86.1	924.71	
材料	素水泥浆一道	m³	0.101	487.44	49.23	
	20 厚水泥砂浆 1：2.5	kg	2.020	198.35	400.67	
	水	kg	3.800	3.85	14.63	
	草袋子	kg	22.000	2.84	62.48	
机械	灰浆搅拌机	台班	0.340	70.88	24.10	

（3）陶瓷地砖楼面的基价计算过程，见表 1-27。

陶瓷地砖基价计算表 表 1-27

工程名称：某酒店标间装饰工程 第 1 页 共 页

子目名称	单贴地面面层 楼地面周长 1200mm 内	计量单位	100m²
定额编号	10-164		
定额基价	9227.74		
其中：人工费（元）	2269.60		
材料费（元）	6898.70		
机械费（元）	59.44		

续表

	名称	单位	定额用量	定额单价	合价	备注
人工	综合工日	工日	26.36	86.10	2269.60	
材料	棉纱头	kg	1.00	8.00	8.00	
	水	m³	0.65	3.85	2.50	
	素水泥浆（掺建筑胶）一道	m³	0.101	733.8	74.11	
	5mm 厚水泥砂浆（掺建筑胶）1：2	m³	0.55	224.24	123.33	
	锯木屑	m³	0.60	6.00	3.60	
	白水泥	kg	10.30	0.53	5.46	
	陶瓷地面砖周长 1200mm 以内	m²	102.50	65.00	6662.50	
	石料切割锯片	片	0.32	60.00	19.20	
机械	灰浆搅拌机	台班	0.09	70.89	6.38	
	石料切割机	台班	1.51	35.14	53.06	

注：地面其他项目的基价确定方法与木地板和陶瓷地砖楼面确定方法相同。

6. 直接工程费计算

通过以上分析确定完成 100m² 木地板和陶瓷地砖的人工费、材料费、机械费及基价，同样方法可以确定出其他项目的相应费用。

项目的直接工程费价值 = 基价 × 定额工程量，其中人工费 = 人工费单价 × 定额工程量，材料费 = 材料费单价 × 定额工程量，机械费 = 机械费单价 × 定额工程量。计算结果，见表 1-28。

地面直接工程费计算表   表 1-28

工程名称：某酒店标间装饰工程   第 1 页   共   页

序号	定额编号	子目名称	工程量		价值(元)		其中（元）		
			单位	数量	单价	合价	人工费	材料费	机械费
1	10-128	复合木地板	100m²	0.2293	21006.32	4816.75	955.55	3861.20	0
2	10-1	水泥砂浆找平	100m²	0.2293	1475.82	338.41	212.04	120.84	5.53
3	10-164	块料楼地面（玄关陶瓷地砖）	100m²	0.0189	9227.74	174.40	42.90	130.39	1.12
		合 计				5329.56	1210.49	4112.43	6.65

表 1-29

分部分项工程量清单综合单价组价表

工程名称：某酒店标间装饰工程

序号	编码	名称	单位	工程量	其中：						综合单价
					人工费	材料费	机械费	风险	管理费	利润	
1	011104002001	木地板	m²	22.93	(955.55+212.04)/22.93=50.92	(3861.20+120.84)/22.93=173.66	5.53/22.93=0.24	0	(184.48+12.96)/22.93=8.61	(168.54+11.84)/22.93=7.87	(225.46+15.84)=241.30
	10-128	复合木地板	100m²	0.2293	4167.24×0.2293=955.55	16839.08×0.2293=3861.20	0	0	4816.75×3.83%=184.48	(4816.75+184.48)×3.37%=168.54	(4816.75+184.48+168.54)/0.2293=225.46
	10-1	水泥砂浆地面	100m²	0.2293	924.71×0.2293=212.04	527.01×0.2293=120.84	24.10×0.2293=5.53	0	338.41×3.83%=12.96	(338.41+12.96)×3.37%=11.84	(338.41+12.96+11.84)/0.2293=15.84
2	011102003001	块料楼地面（玄关）	m²	1.89	42.90/1.89=22.70	130.92/1.89=68.99	1.13/1.89=0.60	0	6.67/1.89=3.53	6.10/1.89=3.23	99.05
	10-164	块料楼地面（玄关）	100m²	0.0189	2269.60×0.0189=42.90	6898.70×0.0189=130.39	59.44×0.0189=1.12	0	174.41×3.83%=6.68	(174.41+6.68)×3.37%=6.10	(174.41+6.68+6.10)/1.89=99.05

7. 综合单价计算

若采用清单计价法，分项项目的单价按综合单价计算，综合单价包括完成该分项项目的人工费、材料费、机械费、管理费、利润，并可以考虑风险的因素。

管理费、利润的计取方法及费率可参照当地造价管理部门的规定。本例中管理费以人工费、材料费、机械费为基础乘以 3.83% 计算。利润以人工费、材料费、机械费及管理费为基础乘以 3.37% 计算，风险暂时不考虑。本例中硬木地板和陶瓷楼面清单项目的综合单价组价过程，见表 1-29。

本例中硬木地板和陶瓷楼面分部分项工程费的计算，见表 1-30。

分部分项工程量清单计价表   表 1-30

序号	编码	名称	单位	工程量	综合单价	合价
1	011104002001	木地板	m²	22.93	241.30	5533.01
2	011102003001	块料楼地面（玄关）	m²	1.89	99.05	187.20

1.3.3 学习支持

【相关知识】

> 楼地面的类别和基本构造；
>
> 工程量清单相关知识；
>
> 消耗量定额相关知识。

1. 楼地面的类别与构造

（1）地面与楼面的构造

◆ 地面的一般构造，如图 1-4 所示。

◆ 楼面的一般构造，如图 1-5 所示。

1-11

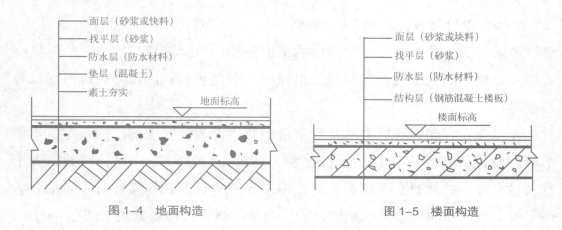

图1-4　地面构造　　　　　　　　　图1-5　楼面构造

（2）楼地面面层的装饰种类

◆　按楼地面面层所用的材料，可分为整体面层、块料面层、橡塑面层、其他面层等。

A. 整体面层的楼地面指：水泥砂浆楼地面、现浇水磨石楼地面、细石混凝土楼地面等。

B. 块料面层的楼地面指：石材楼地面（如大理石、花岗岩）、碎拼石材楼地面、块料楼地面（如陶瓷地砖、陶瓷锦砖等）。

C. 橡塑面层楼地面指用橡胶塑料类的材料做的装饰面层，如塑胶跑道。

D. 还有其他材料面层的地面，如地毯、竹木地板等。

◆　与楼地面有关的装修内容还有：踢脚线、楼梯面层、台阶装饰、零星装饰项目。

2. 装饰装修工程人工、材料、施工机械台班消耗量

消耗量是指施工企业在合理的施工组织、施工技术及正常的施工条件下，完成单位合格产品所需要的劳动力（人工）、材料和机械台班的数量。例如完成 $1m^2$ 或 $100m^2$ 花岗岩地面的铺贴，需要工人工作多少时间，需要消耗各种材料多少数量及相应的机械多少台班。

建设工程主管部门也组织专家编写消耗量定额，将完成单位产品的消耗量统一公布，作为确定消耗量的依据。但在装饰材料、装饰技术日新月异的今天，统一定额往往不能满足实际工程的需要，所以施工企业要根据本企业的技术水平编制完成单位合格产品所需要的劳动力、材料和机械台班的数量，即企业定额。这是企业竞争能力的具体体现。

下面就人工、材料、施工机械台班消耗数量如何确定做一简单介绍：

（1）人工消耗量

人工消耗量的多少以"工日"为单位表示，工日是工作日的简称，它表示一名工人工作 8 个小时。

◆ 施工过程分析及工时研究

A.施工过程进行分析

先对施工过程进行分析，分析施工过程由哪些工序组成。从劳动过程的观点看，工序又可以分解为更小的组成部分——操作和动作。这样分析的目的是正确制定各个工序所需要的工时消耗。

B.研究施工过程的影响因素

施工过程的影响因素包括技术因素、施工组织因素和自然因素。

技术因素包括产品的种类和质量要求，所用的材料、半成品、构配件的类别、规格，所用的机具等。例如铺贴块料踢脚线，踢脚线材料无论是购买的成品踢脚、按设计要求的尺寸另行裁切的踢脚，还是用砂浆粘贴还是用建筑胶粘贴，都是要考虑的技术要求。

组织因素包括施工组织与施工方法、劳动组织、工人技术水平、操作方法等。

自然因素包括酷暑、大风、雨等因素。自然因素一般影响室外施工工作。

对施工过程的影响因素进行研究，其目的是正确确定单位施工产品所需要的作业时间消耗。

C.工作时间的分类

工人在工作班内消耗的时间，按其消耗的性质，基本可以分为两大类：必须消耗时间和损失时间，如图 1-6 所示。

必须消耗时间是工人在正常施工条件下，完成一定合格产品（工作任务）所必须消耗的时间，包括有效工作时间、休息时间和不可避免中断时间的消耗。

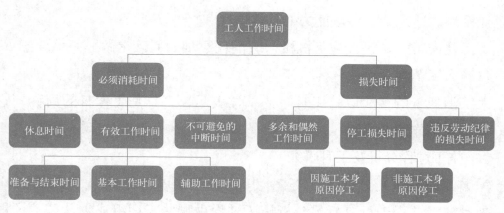

图 1-6　工人工作时间分析

损失时间与产品生产无关，而与施工组织和技术上的缺点有关，与工人在施工过程中的个人过失有关的时间消耗。包括多余和偶然工作、停工、违背劳动纪律所引起的工时损失。

◆　确定劳动定额人工定额消耗量基本方法

劳动定额人工消耗量的确定方法较多，比较常用的有技术测定法、经验估工法、统计分析法和比较类推法四种。

A. 技术测定法

技术测定法是在正常施工条件下，对施工过程的每一工序，测定其工时消耗。通过科学的方法观察、记录、整理、分析施工过程，来确定人工数量的消耗。

B. 经验估工法

经验估工法是根据技术人员、生产管理人员等的工作经验，对完成某项工作所需的人工、机械台班、材料数量进行分析、讨论和估算，并最终确定定额耗用量的一种方法。

C. 统计分析法

统计分析法是运用工作中的统计资料来确定人工消耗量的方法。

D. 比较类推法

比较类推法是在相同类型的项目中，选择有代表性的典型项目，确定其人工消耗量，然后根据测定的定额用比较类推的方法编制其他相关定额的一种方法。

◆ 预算定额人工消耗量

预算定额是编制施工图预算的主要依据，是确定和控制造价的基础。预算定额的人工消耗量，由分项工程所综合的各个工序劳动定额的基本用工、辅助用工、超运距用工和人工幅度差组成。

基本用工是指完成一定计量的分项工程或结构构件的各项工作任务消耗的技术工种用工。

辅助用工是指配合技术工种完成材料加工的工时用量。例如筛沙子、洗石子等。

超运距用工是指预算定额中取定的材料、半成品的运输距离超过劳动定额取定的运输距离时所增加的用工。

人工幅度差指在劳动定额中未包括而在正常施工情况下不可避免而又很难计量的用工和各种工时损耗。例如各工种间的工序搭接及交叉作业相互配合或影响所发生的停歇用工等。

人工幅度差用工可以在前三种用工的基础上乘以人工幅度差系数计算，人工幅度差系数一般为 10% ~ 15%。则人工幅度差 =（基本用工 + 辅助用工 + 超运距用工）× 人工幅度差系数

预算定额人工综合工日 = 基本用工 + 辅助用工 + 超运距用工 + 人工幅度差
=（基本用工 + 辅助用工 + 超运距用工）×（1+ 人工幅度差系数）　　　　(1-1)

（2）材料消耗量

◆ 材料消耗量的概念

材料消耗量是指在节约与合理使用材料条件下，完成单位合格产品，所必须消耗的一定规格建筑装饰材料数量。材料消耗量包括材料净用量和材料的损耗量。

材料消耗量 = 材料净用量 + 材料的损耗量

材料的净用量是指直接用于装饰工程的材料。材料损耗量是指不可避免的施工废料和不可避免的材料损耗。

◆ 材料分类

施工中的材料可分为实体材料和非实体材料。

实体材料是指直接构成工程实体的材料，它包括主要材料和辅助材料。主要材料用量一般较大，辅助材料用量较少。比如铺贴花岗石地面时用的花岗石为主要材料，擦缝用的棉纱头为辅助材料。

非实体材料是指在施工中必须使用，但又不能构成工程实体的措施性材料，如脚手架等。

◆ 材料消耗量确定

材料的材料净用量和损耗量可以通过现场技术测定、实验室试验、现场统计和理论计算等方法获得。

A. 现场技术测定法又称观测法，根据对材料消耗过程的测定与观察，通过完成产品数量和材料消耗量的计算，从而确定各种材料消耗定额的一种方法。

例如：完成某房间楼面陶瓷地砖的铺设，经过观测，房间面积（即工程量）为 $35.00m^2$，共用了 800mm×800mm 的地砖 58 块，则每 $100m^2$ 面积的楼面，地砖的消耗量为：$58 \times 0.8 \times 0.8 \div 35.00 \times 100 = 104.23m^2$。

B. 实验室试验法是通过试验的方法，确定完成一定的产品所需要消耗的材料数量。比如墙面刷涂料，选定一定面积的墙面，通过试验确定要达到施工标准要求所需要的涂料数量。通过运算得出单位面积需要的涂料用量。

C. 现场统计法是以施工现场积累的分部分项工程使用材料数量、完成产品数量、完成工作原材料的剩余数量等统计资料为基础，经过整理分析，获得材料消耗的数据。

D. 理论计算是运用一定的数学公式计算材料消耗定额。先计算材料的净用量，再在净用量的基础上考虑材料的损耗量。

材料消耗量 = 材料净用量 + 损耗量 = 材料净用量 × （1+ 材料损耗率）

例如：每铺 $100m^2$ 块料面层，块料、灰缝中砂浆及结合层砂浆用量的计算公式如下：

$$100m^2 \text{ 块料净用量（块）} = \frac{100}{\text{（块料长 + 灰缝宽）} \times \text{（块料宽 + 灰缝宽）}} \quad (1-2)$$

$100m^2$ 灰缝砂浆净用量 =[100-（块料长 × 块料宽 ×$100m^2$ 块料净用量）] × 灰缝深结合层砂浆用量 =$100m^2$× 结合层砂浆厚度

材料损耗量可在净用量的基础上，根据不同种类的材料以损耗率计算。则：

$$\text{材料消耗量 = 材料净用量} \times \text{（1+ 材料损耗率）}$$

（3）机械台班消耗量

机械台班的消耗数量以"台班"为单位计量。1 个台班就是一台机械工作 8 个小时。

◆ 机械消耗量的概念

机械台班消耗量是指在正常施工生产和合理使用施工机械条件下，完成单位合格产品所必须消耗的某种施工机械的工作时间标准。

◆ 机械台班消耗量的确定步骤

A. 确定机械纯工作 1 小时正常生产率，即在正常施工组织条件下，在技术工人操作下机械一小时能完成的产品的数量。

B. 确定施工机械的正常利用系数，即机械在一个工作班延续时间（8 小时）内，纯工作时间占的比值。

C. 确定机械台班定额。机械台班产量定额 = 机械纯工作 1 小时正常生产率 × 工作班延续时间 × 机械的正常利用系数

（4）装饰装修预算定额示例

确定了人工、材料、机械台班的消耗量后，可以用表格的方式整理出来，并配上文字说明及工程量的计算规则。

见表 1-31：为《装饰装修消耗量定额》中的地砖楼地面和地砖面层楼梯项目的示例。

消耗量定额项目示例表　　　　　　　　　表 1-31

工作内容：清理基层、试排弹线、锯板修边、铺贴饰面、清理净面　　　　单位：100m²

定额编号			10-158	10-159	10-160
项目名称			单贴大理石楼面	单贴大理石楼梯	单贴大理石台阶
人工	综合工日（装饰）	工日	21.37	59.65	45.760
材料	素水泥浆（掺建筑胶）一道	m³	0.101	0.140	0.150
	10mm 厚水泥砂浆（掺建筑胶）1：2	m³	1.10	1.500	1.63
	锯木屑	m³	0.600	0.820	0.900
	白水泥	kg	10.300	14.10	15.500
	棉纱头	kg	1.000	1.400	1.480
	大理石板	m²	102.00	144.700	156.90
	石料切割锯片	片	0.350	1.43	1.40
	水	m³	0.650	0.890	1.00
机械	灰浆搅拌机	台班	0.180	0.25	0.27
	石料切割机	台班	1.400	5.70	5.60

3. 装饰装修工程人工、材料、施工机械单价

（1）人工单价

人工单价是指一个建筑安装工人一个工作日可以得到的劳动报酬。按照现行规定，生产工人的人工工日单价是由基本工资、工资性补贴、辅助工资、福利费和劳动保护费。

影响人工单价的因素：社会平均工资水平，而社会平均工资水平又取决于经济发展水平，所以不同地区工人的工资水平有所不同。人工单价还会受到劳动力市场供需影响，如果需求大于供给，人工单价就会提高；供给大于需求，人工单价就会下降。

（2）材料单价

材料单价是指材料从其来源地到达施工工地仓库后出库的综合平均价格。材料单价一般由材料原价（或材料供应价）、材料运杂费、运输损耗费、采购及保管费组成。

◆　材料原价

材料原价是指材料的出厂价供销商的供应价格，当同一种材料有不同的来源地时，可能会有不同的价格，计价时就需要将其加权平均求综合原价。

◆ 材料运杂费

材料运杂费指材料从来源地到工地或指定堆放地点的费用，包括调车和驳船费、装卸费、运输费及附加工作费等。同一种材料有不同的来源地时，采用加权平均的方法计算运杂费。

◆ 运输损耗费

运输损耗费是指材料在运输装卸过程中不可避免的损耗。运输损耗的计算公式如下：

$$运输损耗费 =（材料原价 + 运杂费）\times 相应材料损耗率$$

◆ 采购及保管费

采购及保管费是指组织材料采购、检验、供应和保管过程中发生的费用。一般按照材料到库价格以费率取定。采购及保管费的计算公式如下：

$$运输损耗费 =（材料原价 + 运杂费 + 运输损耗）\times 采购及保管费率$$

【例 1-1】某工程需 $800mm \times 800mm \times 5mm$ 的地砖共 $2800m^2$，由甲、乙两个供应商供应，地砖的相关信息，见表 1-32。试计算地砖的价格。

地砖购买信息 表 1-32

货源地	数量 （m^2）	购买价 （元/块）	运输距离 （km）	运输单价 [元/（$m^2 \cdot km$）]	装卸费 （元/m^2）
甲供应商	1200	72.00	8	0.21	1.20
乙供应商	1600	68.20	15	0.20	1.40
备 注	运输损耗率 2.0%，采购保管费率 2.5%				

【解】

① 材料原价：

$$甲单价：\frac{72.00}{0.8 \times 0.8} = 112.50（元/m^2）；甲供货比例：\frac{1200}{2800} = 42.86\%$$

$$乙单价：\frac{68.20}{0.8 \times 0.8} = 106.56（元/m^2）；乙供货比例：\frac{1600}{2800} = 57.14\%$$

$$加权平均原价 = 112.5 \times 42.86\% + 106.56 \times 57.14\% = 109.11 元/m^2$$

② 材料运杂费

运输费：8×0.21×42.86%+15×0.20×57.14%=2.43 元 /m²

装卸费：1.2×42.86%+1.4×57.14%=1.31 元 /m²

运杂费：2.43+1.31=3.74 元 /m²

③ 运输损耗

（109.11+3.74）×2.0%=2.26 元 /m²

④ 采购保管费

（109.11+3.74+2.26）×2.5%=2.88 元 /m²

⑤ 材料预算价格

109.11+3.74+2.26+2.88=117.99 元 /m²

（3）施工机械台班单价

施工机械台班单价是指一台施工机械在正常运转条件下，一个工作班中所发生的全部费用，每台班按 8 小时工作制计。

施工机械台班单价包括两类，第一类为"不可变费用"，包括折旧费、大修理费、经常修理费。第二类为"可变费用""随机变费用"，包括动力燃料费、安拆费及场外运费、机上人工费、其他费用。

◆ 折旧费

折旧费是指机械在规定使用期限内，陆续收回其原始价值及购买资金的时间价值。计算公式如下：

$$折旧费 = \frac{机械预算价格 \times （1-残值率） \times 时间价值系数}{耐用总台班} \quad (1\text{-}3)$$

◆ 大修理费

大修理费是指施工机械按规定大修理间隔期进行大修，以恢复其正常使用功能所需的费用。

$$大修理费 = \frac{一次大修费 \times （大修周期-1）}{耐用总台班} \quad (1\text{-}4)$$

◆ 经常修理费

经常修理费是指施工机械除大修理外的各级保养和临时故障排除所需的费用。

◆ 安拆费和场外运费

安拆费是指施工机械（大型机械除外）在施工现场进行安装、拆卸，所需的人工、材料、机械费、试运转费以及机械辅助设施的折旧、搭设、拆除等费用。

场外运费是指施工机械整体或分件，从停放场地点运至施工现场或由一个施工地点运至另一个施工地点的装卸、运输、辅助材料及架线等费用。

◆ 燃料动力费

燃料动力费指施工机械在施工作业中所耗用液体材料（汽油、柴油）、固体燃料（煤、木材）、水、电等费用。

◆ 机上人工费

机上人工费是指机上司机（司炉）及随机操作人员所发生的费用，包括工资、津贴等。

◆ 其他费用

其他费用是指按当地有关部门规定缴纳的车船使用税、保险费及年检费等。

4. 装饰装修工程项目单价

（1）预算定额基价

预算定额基价就是预算定额分项工程或结构构件的单价，包括人工费、材料费、机械使用费，也称工料单价或直接费单价。

预算定额基价的编制方法，简单说就是工料机的消耗量和工料机的单价的结合过程。基价的计算可用公式表示如下：

$$预算定额基价 = 人工费 + 材料费 + 机械使用费 \qquad (1-5)$$

$$其中：\quad 人工费 = \sum 人工消耗量 \times 人工日工资单价 \qquad (1-6)$$

$$材料费 = \sum 各种材料消耗量 \times 相应材料单价 \qquad (1-7)$$

$$机械使用费 = \sum 机械消耗量 \times 机械台班单价 \qquad (1-8)$$

（2）综合单价

若装饰装修工程采用清单计价法，按照《建设工程工程量清单计价规范》GB 50500-2013 的规定，分项项目的单价应该按综合单价计价。综合单价是完成工程量清单中一个规定计量单位项目所需要的人工费、材料费、机械使用费、管理费和利润，以及一定范围内的风险。

其中人工费、材料费、机械使用费的确定方法与预算定额基价中各项费用确定方法相同。风险考虑的是施工期间各生产要素可能的浮动，管理费一般在人工费、材料费、机械使用及风险费用的基础上按一定的百分比计算。利润可以在人工费、材料费、机械使用、风险及管理费的基础上按一定的百分比计算。

1.3.4 学习提醒

【学习提醒】

1. 了解清单工程量与定额工程量的区别。

【解释】清单工程量与定额工程量的区别，见表 1-33。

1-12

清单工程量与定额工程量的区别　　　　　　　　　　　表 1-33

内容	清单工程量	定额工程量
主要依据	1. 施工图设计文件 2.《房屋建筑与装饰工程工程量计算规范》GB 50854-2013 3. 其他标准规范	1. 施工图设计文件 2.《装饰装修消耗量定额》 3. 其他标准规范
工程量单位	1. 物理计量单位 2. 或自然计量单位	1. 扩大的物理计量单位 2. 或自然计量单位
编制人	招标人	计价人
作用	1. 编制最高限价和投标报价的依据 2. 计算工程量的依据 3. 支付工程款的依据 4. 调整合同价款的依据 5. 办理竣工结算的依据 6. 工程索赔的依据	1. 确定人工、材料、机械消耗量的基础 2. 是计算装饰工程造价的依据

2. 了解工程量与消耗量的区别。

【解释】工程量是指以物理计量单位或自然计量单位所表示的装饰装修

项目或措施项目的数量。比如大理石地面的面积，壁纸的铺贴面等。依据工程量计算规则及施工图纸的尺寸计算。

消耗量是指完成分部分项项目所需要消耗的各种资源（人工、材料、机械）的数量。

1.3.5 实践活动

【单项选择题】

1. 某工程有楼面全部为花岗石铺贴，面积为 $180.00m^2$，则铺完该面层需要人工（　　　　）工日。若安排两组工人铺贴，每组 3 人，需要（　　　　）天铺完。（已知人工的时间定额为 18.69 工日 /100m²）

　　A. 33.642　6　　　　　　　　B. 9.636　6

　　C. 33.642　5　　　　　　　　D. 9.636　6

2. 下列各项目清单量可以按延长米计算的是（　　　　）。

　　A. 长条木地板　　　　　　　B. 过门石

　　C. 成品踢脚线　　　　　　　D. 大理石地面

3. 下列楼地面清单项目计算工程量时不加门洞、空圈下面积的是（　　　　）。

　　A. 水磨石地面　　　　　　　B. 石材楼地面

　　C. 橡胶卷材楼地面　　　　　D. 实木地板

4. 楼梯装饰面层工程量不包括下面（　　　　）内容。

　　A. 楼梯踏步板投影面积

　　B. 休息平台面积

　　C. 楼梯与楼层连接处水平梁投影

　　D. 宽度超过 500mm 的楼梯井

【思考计算题】

1. 整体面层的楼地面包括哪些面层种类？

2. 踢脚线的高度一般为多少？

3. 某砖混结构的一层平面图，如图 1-7 所示：外墙厚 370mm，内墙厚 240mm，M1 洞口面积为 1000mm×2100mm，M2 洞口面积为 800mm× 2100mm。问：

（1）若各房间地面、卫生间及台阶面层及均为水磨石嵌玻璃条，请列出清单项目并计算其清单量。

（2）若卫生间地面铺 300mm×300mm 陶瓷地砖，其他房间地面及台阶铺 600mm×600mm 陶瓷地砖，请列出清单项目并计算其清单量。

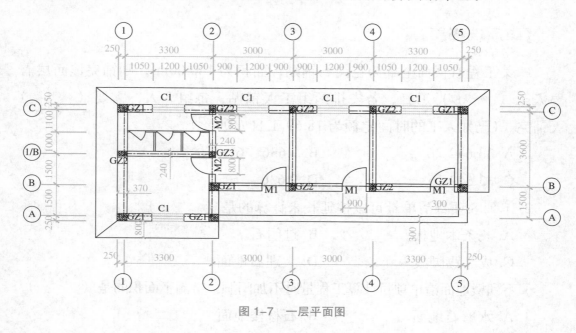

图 1-7 一层平面图

4. 用 5mm 厚 1:2.5 的水泥砂浆铺贴 300mm×300mm×5mm 的地砖，白水泥擦缝。试计算 100m² 地面瓷砖的消耗量为多少平方米？结合层砂浆的消耗量（灰缝宽为 2mm）为多少立方米？（瓷砖损耗率为 4%，砂浆损耗率为 1%）

5. 什么是间壁墙？在计算楼地面工程量时，间壁墙在地面占的面积要不要扣除？

6. 查阅当地的消耗量定额，对比楼地面项目定额量的计算规则和清单量的计算规则有什么异同。

【计算题】

1. 依据当地的消耗量定额对过门石进行工料分析，分析过程填在表 1-34 中。

过门石工料分析表　　　　　　　　　　　　　　　　表 1-34

工程名称：某酒店标间装饰工程　　　　　　　　　　第 1 页　共　　页

子目名称			计量单位		定额量	
定额编号						
名称		单位	定额用量	合计用量		备注
人工	综合工日	工日				
材料						
机械						

2. 依据消耗量定额，并调查材料的市场价，编制过门石项目的基价、人工费、材料费和机械费，数据填在表 1-35 中。

过门石基价计算表　　　　　　　　　　　　　　　　表 1-35

工程名称：某酒店标间装饰工程　　　　　　　　　　第 1 页　共　　页

子目名称			计量单位		
定额编号					
定额基价					
其中：人工费（元）					
材料费（元）					
机械费（元）					
名称		单位	定额用量	定额单价	合价	备注
人工	综合工日	工日				
材料						
机械						

3. 编制过门石项目的直接工程费，填在表 1-36 中。

直接工程费表　　　　　　　　　　　　　　表 1-36

工程名称：某酒店标间装饰工程　　　　　　　　　　第 1 页　共　　页

序号	定额编号	子目名称	工程量		价值（元）		其中（元）		
			单位	数量	单价	合价	人工费	材料费	机械费

1.3.6　教学评价

对本节学习内容的评价，按表 1-37 所示内容和标准评定。

教学评价内容与标准　　　　　　　　　　表 1-37

评价内容	指标	项目	评价标准	个人评价	小组评价	教师评价	综合评价
专业能力评价	知识技能	楼地面施工图纸认读					
		清单完成情况					
		工料分析完成情况					
		直接工程费完成情况					
社会能力评价	情感态度	出勤、纪律					
		态度					
	参与合作	讨论、互动					
		协助精神					
	语言知识技能	表达					
		会话					
方法能力评价	方法能力	学习能力					
		收集和处理信息					
		创新精神					
	评价合计						

注：评价标准可按 5 分制、百分制、五级制等形式，教师可根据具体情况实施。

1.3.7 知识链接

1. 工程量清单的原文

2. 消耗量定额摘录

3. 实践活动答案

1–13

任务 4 墙、柱面装饰与隔断、幕墙工程的计量与计价

1.4.1 情景描述

【教学活动场景】

教学活动需要提供酒店标间装饰工程施工图纸、《建设工程工程量清单计价规范》GB 50500–2013、《房屋建筑与装饰工程工程量计算规范》GB 50854–2013；学生准备好 16 开的硬皮本、铅笔、多功能计算器、橡皮、直尺、签字笔等工具。

【学习目标】

了解墙、柱面装饰与隔断、幕墙工程的常用材料与构造；掌握墙、柱面装饰与隔断、幕墙工程量清单编制；掌握墙、柱面装饰与隔断、幕墙工程量清单计算规则、工料分析及直接工程费计算。

【学习成果】

编制酒店标准间的墙面装饰与隔断的工程量清单；计算酒店标间墙面装饰与隔断所需要的主要材料用量；计算完成酒店标间墙面装饰与隔断所需的直接工程费。

1.4.2 任务实施

【复习巩固】

1. 墙面一般抹灰的清单工程量计算规则？

【解释】按设计图示尺寸以面积计算。扣除墙裙、门窗洞口及单个 >0.3m² 的孔洞面积，不扣除踢脚线、挂镜线和墙与构件交接处的面积，门窗洞口和孔洞的侧壁及顶面不增加面积。附墙柱、梁、垛、烟囱侧壁并入相应的墙面面积内。

2. 什么是零星项目？

【解释】零星项目是指各种壁柜、碗柜、书柜、过人洞、池槽花台、挑檐、天沟、雨篷的周边。展开宽度超过 300mm 的腰线、窗台板、门窗套、压顶、扶手，里面高度小于 500mm 的遮阳板、栏板以及单件面积在 1m² 以内的零星项目。

【引入新课】

> 墙、柱面装饰与隔断是装饰装修必不可少的重要工作之一，幕墙工程也是目前外装饰装修的常见做法。下面从本酒店标间墙面装饰与隔断施工图的识读，工程量计算、材料消耗量的计算及直接工程费确定方面实施。

1. 识读墙、柱面及隔断的装饰图纸

（1）读图内容

由说明中"材料表""立面索引图"及"1-8 立面图"知：

◆ 客房卫生间墙面横贴 450mm×300mm 白色墙面砖，下面刷防水涂料。

◆ 客房卫生间隔断做法：12mm 厚无色透明钢化玻璃隔断，做在大理石挡水坎上。

（2）确定计算项目

根据以上分析及《房屋建筑与装饰工程工程量计算规范》GB 50854—2013，墙面部分可列以下清单项目：

◆ 块料墙面。位置：客房卫生间墙面。

◆ 钢化玻璃隔断。位置：客房卫生间大理石挡水坎上。

（3）查找对应尺寸

卫生间砖墙面块料尺寸：由"立面索引"图知卫生间四边的编号分别为5、6、7、8，可根据编号查找5、6、7、8立面图尺寸确定客房卫生间块料墙面的计算尺寸。

2. 工程量清单编制

（1）墙面块料（卫生间砖墙面）

◆ 项目特征：4mm厚强力胶水泥粘结层；5mm厚300mm×450mm墙面砖横贴；白水泥擦缝。

◆ 项目编码：011204003001

◆ 计量单位：m^2

◆ 计算规则：按镶贴表面积计算。

◆ 计算结果：8.21m^2

◆ 计算过程：$(0.585+0.7+0.57+0.955+0.06+1.165) \times 0.24-0.7 \times 2.1=8.21m^2$

（2）钢化玻璃隔断（客房卫生间大理石挡水坎上）

◆ 项目特征：12mm厚无色透明钢化玻璃。

◆ 项目编码：011210003001

◆ 计量单位：m^2

◆ 计算规则：按设计图示框外围尺寸以面积计算。不扣除单个 $\leqslant 0.3m^2$ 的孔洞所占面积。

◆ 计算结果：2.33m^2

◆ 计算过程：$0.995 \times 2.4-0.6 \times (2.4-1.8) =2.03m^2$

3. 工程量清单实例

将工程量清单按标准格式编制，见表1-38。

1-14

墙面装饰与隔断工程量清单表　　　　　　表 1–38

序号	项目编码	项目名称	项目特征	计量单位	工程数量
1	20207001001	卫生间砖墙面块料	1. 4mm 厚强力胶水泥粘结层 2. 5mm 厚 300mm×450mm 墙面砖横贴 3. 白水泥擦缝	m²	8.21
2	011210003001	钢化玻璃隔断	12mm 厚无色透明钢化玻璃	m²	2.33

4. 工料分析

卫生间砖墙面块料工料分析，见表 1–39。

工料分析表　　　　　　表 1–39

工程名称：某快捷酒店装饰工程　　　　　　第 1 页　共　　页

子目名称		釉面砖（水泥砂浆粘贴）砖墙面		计量单位	100 m²	定额量	0.0821
定额编号		10-421					
名称		单位	定额用量		合计用量		备注
人工	综合工日	工日	43.027		3.53		
材料	6mm 厚水泥砂浆 1:2	m³	0.666		0.05		
	12mm 厚水泥砂浆 1:3	m³	1.332		0.11		
	4mm 厚聚合物水泥砂浆	m³	0.444		0.04		
	白水泥	kg	20.600		1.69		
	棉纱头	kg	1.000		0.08		
	面砖周长 1600mm 以内	m²	104.000		8.54		
	石料切割锯片	片	1.000		0.08		
	水	m³	0.940		0.08		
机械	灰浆搅拌机 200L	台班	0.407		0.03		
	石料切割机	台班	1.150		0.09		

注：卫生间砖墙面做法见陕 09J01 建筑用料及做法内 112。

5. 定额基价计算

卫生间砖墙面块料的定额基价计算，见表 1–40。

定额基价计算表

表 1-40

工程名称：某快捷酒店装饰工程

第 1 页　共　　页

子目名称		釉面砖（水泥砂浆粘贴）砖墙面	计量单位	100m²
定额编号		10-421		
定额基价		10638.08		
其中：人工费（元）		3704.62		
材料费（元）		6859.93		
机械费（元）		73.53		
名称		单位	定额用量	定额单价	定额合价	备注
人工	综合工日	工日	43.027	86.1	3704.62	
材料	6mm 厚水泥砂浆 1：2	m³	0.666	215.42	143.47	
	12mm 厚水泥砂浆 1：3	m³	1.332	172.42	229.66	
	4mm 厚聚合物水泥砂浆	m³	0.444	500.00	222.00	
	白水泥	kg	20.600	0.64	13.18	
	棉纱头	kg	1.000	2.00	2.00	
	面砖周长 1600mm 以内	m²	104.000	60.00	6240.00	
	石料切割锯片	片	1.000	6.00	6.00	
	水	m³	0.940	3.85	3.62	
机械	灰浆搅拌机 200L	台班	0.407	79.66	32.42	
	石料切割机	台班	1.150	35.75	41.11	

6. 直接工程费计算

卫生间砖墙面块料的直接工程费计算，见表 1-41。

直接工程费计算表

表 1-41

序号	定额编号	子目名称	工程量		价值(元)		其中（元）		
			单位	数量	基价	合价	人工费	材料费	机械费
1	10-421	釉面砖（水泥砂浆粘贴）砖墙面	100m²	0.0821	10638.08	873.39	304.15	563.20	6.04

1.4.3 学习支持

【相关知识】

> 墙、柱面装饰与隔断、幕墙工程分类与构造；
> 基本建设程序。

1. 墙、柱面装饰与隔断、幕墙工程分类与构造

（1）墙面装修构造

◆ 抹灰类墙面装修

根据抹灰的面层材料不同，抹灰可分为普通抹灰和装饰抹灰。装饰抹灰是在面层材料中添加不同的材料如各种石骨料并加以处理，使抹灰表面产生不同的色彩和质感，如水刷石、干粘石、拉毛、斩假石等。墙面抹灰可分为外墙抹灰和内墙抹灰两大类。常用的外墙抹灰有水泥砂浆、混合砂浆、水刷石、斩假石、干粘石、拉毛和清水砖墙勾缝；内墙抹灰有纸筋石灰、水泥砂浆和混合砂浆等。

1-15

为了保证抹灰质量，做到表面平整，粘接牢固，色彩均匀，不开裂，抹灰施工必须分层操作。抹灰一般由底层、中层和面层组成。底层 5～10mm 厚，使与墙面粘结牢固，中层 5～10mm，起找平作用，面层起装饰作用，使墙面平整、光滑、美观。墙面抹灰分层，如图 1-8 所示。

◆ 涂刷类墙面装修

涂刷类墙面装修按使用工具可分刷涂（用毛刷蘸浆）、喷涂（用喷浆和喷射）、弹涂（用弹浆机弹射）和滚涂（用胶滚或毡滚滚压），可获得光滑、凹凸、粗糙和纹道等质感效果。

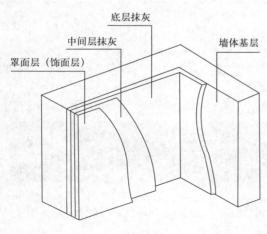

图 1-8 墙面抹灰分层

罩面层（饰面层）
中间层抹灰
底层抹灰
墙体基层

涂刷类装修的材料一般是外墙用水泥浆，溶剂型涂料、乳液涂料、硅酸盐无机涂料等；内墙用石灰浆、大白浆、可赛银、乳胶漆、油漆和水溶性涂料等。

◆ 贴面类墙面装修

贴面类墙面装修是把加工后的天然石材板或陶瓷面砖等饰面材料，用胶结材料或挂钩等方法粘贴在墙面上。常用的贴面材料有大理石板、花岗石板、水磨石板、瓷砖、面砖等。

◆ 裱糊类墙面装修

裱糊类墙面适用于中高档内墙装修，具有良好的装饰效果，耐火、耐磨、耐久性强，更新撤换也方便。常用的有塑料壁纸、织物壁纸、无纺贴壁布、玻璃纤维壁布等。

◆ 铺钉类墙面装修

铺钉类墙面装修的面料包括木板、塑料饰面板、富丽板、镜面板、不锈钢板等，多用于高档和有特殊要求的房间。

(2) 隔断

隔断是指专门作为分隔室内空间的立面，应用更加灵活，具有易安装、可重复利用、可工业化生产、防火、环保等特点。主要有以下几种：

◆ 木隔断：木隔断通常有两种，一种是木饰面隔断；另一种是硬木花格隔断。木饰面隔断一般采用木龙骨上固定木板条、胶合板、纤维板等面板，做成不到顶的隔断。木龙骨与楼板、墙应有可靠的连接，面板固定在木龙骨上后，用木压条盖缝，最后按设计要求罩面或贴面。硬木花格隔断常用的木材多为硬质杂木，它自重轻，加工方便，制作简单，可以雕刻成各种花纹，做工精巧、纤细。

◆ 金属隔断：如钢板，稳固、耐用、易清洁。

◆ 玻璃隔断：玻璃隔断是将玻璃安装在框架上的空透式隔断。这种隔断可到顶或不到顶，其特点是空透、明快，而且在光的作用下色彩有变化，可增强装饰效果。玻璃隔断按框架的材质不同有落地玻璃木隔断、铝合金框架玻璃隔断、不锈钢圆柱框玻璃隔断。

◆ 塑料隔断：比如铝塑板有金属的感觉，比较适合现代青年的口味。

◆ 成品隔断：是一种特殊的隔断产品，其主要材料和附件是在工厂预加工，现场可以便捷组装、即装即用的安全隔断产品。

（3）幕墙工程

玻璃幕墙是指由支承结构体系与玻璃组成的、可相对主体结构有一定位移能力、不分担主体结构所受作用的建筑外围护结构或装饰结构。主要有带骨架幕墙和全玻（无框玻璃）幕墙。

2. 基本建设程序

建设程序是建设项目从决策、设计、施工和竣工验收到投产交付使用的全过程中，各个阶段、各个步骤、各个环节的先后顺序，是拟建建设项目在整个建设过程中必须遵守的客观规律。它反映了社会经济规律的制约关系和技术经济规律的要求。主要包括以下内容：

（1）项目建议书。对建设项目的必要性和可行性进行初步研究，提出拟建项目的轮廓设想。

（2）可行性研究。具体论证和评价项目在技术和经济上是否可行，并对不同方案进行分析比较；可行性研究报告作为设计任务书（也称计划任务书）的附件。设计任务书对是否上这个项目，采取什么方案，选择什么建设地点，做出决策。

（3）勘察设计。从技术和经济上对拟建工程做出详尽规划。大中型项目一般采用两段设计，即初步设计与施工图设计。技术复杂的项目，可增加技术设计，按三个阶段进行。

（4）建设准备。包括征地拆迁，搞好"三通一平"（通水、通电、通道路、平整土地），落实施工力量，组织物资订货和供应，以及其他各项准备工作。

（5）工程实施。准备工作就绪后，提出开工报告，经过批准，即开工兴建；遵循施工程序，按照设计要求和施工技术验收规范，进行施工安装。

（6）竣工验收。按照规定的标准和程序，对竣工工程进行验收（见基本建设工程竣工验收），编造竣工验收报告和竣工决算（见基本建设工程竣工决算），并办理固定资产交付生产使用的手续。

（7）后评价。项目完工后对整个项目的造价、工期、质量、安全等指标进行分析评价或与类似项目进行对比。

1.4.4　学习提醒

1–16

【学习提醒】

区分墙面抹灰与墙面镶贴块料的清单工程量计算规则。

1.4.5　实践活动

【不定项选择题】

1. 墙面一般抹灰按设计图示尺寸以面积计算，以下（　　　　）不扣除。

    A. 墙裙　　　　　　　　　　B. 踢脚线

    C. 门窗洞口　　　　　　　　D. 单个大于 $0.3m^2$ 的孔洞

    E. 挂镜线

2. 以下说法正确的是（　　　　）。

    A. 墙面镶贴块料，门、窗洞口侧壁不增加

    B. 内墙面抹灰，洞口侧壁和顶面不增加

    C. 有吊顶天棚的，内墙面抹灰高度按吊顶高度增加 200mm

    D. 普通抹灰中装饰线条适用于展开宽度在 300mm 以内的腰线、窗台板、压顶、扶手等项目

【简答题】

1. 哪些可以归入零星项目？

2. 墙面抹灰由几层组成，各层的主要作用是什么？

【计算题】

完成卫生间混凝土墙面块料的工程量清单的编制与计价。

1. 卫生间混凝土墙面块料的工程量清单的编制，见表 1–42。

工程量清单表　　　　　　　　　　　　　　　　　　　　　表 1–42

序号	项目编码	项目名称	项目特征	计量单位	工程数量

2. 卫生间混凝土墙面块料工料分析，见表 1–43。

工料分析表　　　　　　　　　　　　　　表 1–43

工程名称：某快捷酒店装饰工程　　　　　　　　　第 1 页　　共　　页

子目名称		计量单位		定额量	
定额编号					
名称		单位	定额用量	合计用量	备注
人工					
材料					
机械					

注：卫生间混凝土墙面做法见陕 09J01 建筑用料及做法内 114。

3. 卫生间混凝土墙面块料的定额基价计算，见表 1–44。

1–17

定额基价计算表　　　　　　　　表 1–44

工程名称：某快捷酒店装饰工程　　　　　　　　　　第 1 页　　共　　页

子目名称		计量单位	
定额编号			
定额基价			
其中：人工费（元）			
材料费（元）			
机械费（元）			
名称	单位	定额用量	定额单价	定额合价	备注
人工					
材料					
机械					

4. 卫生间混凝土墙面块料的直接工程费计算，见表 1–45。

直接工程费计算表　　　　　　　　表 1–45

序号	定额编号	子目名称	工程量		价值(元)		其中（元）		
			单位	数量	基价	合价	人工费	材料费	机械费
1									

1.4.6　活动评价

教学活动的评价内容与标准，见表 1-46。

教学评价内容与标准　　　　　　　　　　　表 1-46

评价内容	指标	项目	评价标准	个人评价	小组评价	教师评价	综合评价
专业能力评价	知识技能	墙、柱面装饰图纸的识读					
		清单完成情况					
		工料分析					
		直接费计算					
社会能力评价	情感态度	出勤、纪律					
		态度					
	参与合作	互动交流					
		协作精神					
	语言知识技能	口语表达					
		语言组织					
方法能力评价	方法能力	学习能力					
		收集和处理信息					
		创新精神					
评价合计							

注：评价标准可按 5 分制、百分制、五级制等形式，教师可根据具体情况实施。

1.4.7　知识链接

1. 工程量清单的原文

2. 定额列表

3. 实践活动答案

1-18

任务 5　天棚工程的计量与计价

1.5.1　情景描述

【教学活动场景】

　　教学活动需要提供酒店标间装饰工程施工图纸、《建设工程工程量清单计价规范》GB 50500–2013、《房屋建筑与装饰工程工程量计算规范》GB 50854–2013；学生准备好 16 开的硬皮本、自动铅笔、多功能计算器、橡皮、直尺、签字笔等工具。

【学习目标】

　　能够识读建筑装饰施工图纸；了解天棚工程的分类以及天棚工程的常用材料与构造；掌握天棚工程工程量清单的编制；能够计算天棚工程的清单工程量；掌握天棚工程工料分析的方法；掌握天棚工程直接工程费的计算。

【关键概念】

工程量清单、工料分析、直接工程费。

【学习成果】

学会编制天棚工程工程量清单；

能够独立计算天棚工程的工料分析；

熟练应用天棚工程直接工程费的计算方法。

1.5.2　任务实施

【复习巩固】

1. 墙面一般抹灰的清单工程量计算规则是什么？

【解释】按设计图示尺寸以面积计算。扣除墙裙、门窗洞口及单个

>0.3m² 的孔洞面积，不扣除踢脚线、挂镜线和墙与构件交接处的面积，门窗洞口和孔洞的侧壁及顶面不增加面积。附墙柱、梁、垛、烟囱侧壁并入相应的墙面面积内。

2. 什么是零星项目？

【解释】零星项目是指各种壁柜、碗柜、书柜、过人洞、池槽花台、挑檐、天沟、雨篷的周边。展开宽度超过 300mm 的腰线、窗台板、门窗套、压顶、扶手，里面高度小于 500mm 的遮阳板、栏板以及单件面积在 1m² 以内的零星项目。

【引入新课】

> 天棚装饰是建筑装饰工程的重要组成部分。它是通过采用各种材料及形式组合，形成具有一定使用功能与装饰效果的建筑装饰构件。
>
> 天棚装饰能够从空间、造型、光影、材质等方面来渲染环境，烘托气氛。它直接影响整个建筑空间的装饰效果。

学习天棚装饰工程的计量与计价的前提是必须能够正确地识读天棚装饰工程施工图纸。

1. 识读图纸

读图内容

◆ 查找相应图例

A. 请同学们阅读图 02《装饰设计说明》中的材料表，查看客房及客房卫生间天棚吊顶所用材料。

B. 请同学们浏览图 06 某快捷酒店房型一平面图、天花图。其中，D 表示天棚吊顶。

C. 请同学们在房型一客房天花图中查找，D1、D2 的位置。

◆ 确定计算项目

根据以上分析及《房屋建筑与装饰工程工程量计算规范》GB 50854—2013，天棚部分可列以下清单项目：

A. D1：轻钢龙骨 12mm 厚纸面石膏板吊顶。位置：客房及玄关。

B. D2：轻钢龙骨 12mm 厚防水纸面石膏板吊顶。位置：卫生间。

◆ 查找对应尺寸

由图 05 某快捷酒店房型一立面图 1 和图 07 某快捷酒店房型一立面图 2，可以确定天棚 D1、D2 的具体尺寸，如图 1-9 所示。

1-19

2. 工程量清单编制

天棚 D1 工程量清单编制

◆ 项目编码：011302001001

◆ 项目名称：吊顶天棚

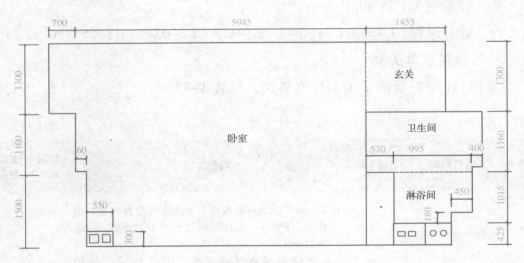

图 1-9 天花尺寸图

◆ 项目特征：

A. 12mm厚纸面石膏板用自攻螺钉与龙骨固定，中距≤200mm，螺钉距板边长边≥10mm，短边≥15mm；

B. U 形轻钢覆面横撑龙骨 CB60×27，间距 1200mm，用挂件与承载龙骨联结；

C. U 形轻钢覆面次龙骨 CB60×27，间距 400mm，用挂件与承载龙骨联结；

D. U形轻钢承载龙骨CB60×27，中距≤1200mm，用吊件与钢筋吊杆联结后找平；

E. ϕ6钢筋吊杆，双向中距≤1200mm，吊杆上部与预留钢筋吊环固定；

F. 现浇钢筋混凝土膨胀螺栓固定，双向中距≤1200mm。

【注】项目特征描述参考本地建筑物用料做法。

◆ 计量单位：m²

◆ 计算规则：按设计图示尺寸以水平投影面积计算。天棚面中的灯槽及跌级、锯齿形、吊挂式、藻井式天棚面积不展开计算。不扣除间壁墙、检查口、附墙烟囱、柱垛和管道所占面积，扣除单个 >0.3m² 的孔洞、独立柱及与天棚相连的窗帘盒所占的面积。

◆ 计算结果：25.90m²

◆ 计算过程：1.455×1.3+5.945×3.9+0.7×1.3–0.06×1.5=25.90m²

3. 工程量清单实例

天棚 D1 工程量清单编制标准格式，见表 1–47。

天棚的工程量清单　　　　　　表 1–47

序号	项目编码	项目名称	项目特征	计量单位	工程数量
1	011302001001	吊顶天棚	1. 12mm厚纸面石膏板用自攻螺钉与龙骨固定，中距≤200mm，螺钉距板边长边≥10mm，短边≥15mm 2. U形轻钢覆面横撑龙骨CB60×27，间距1200mm，用挂件与承载龙骨联结 3. U形轻钢覆面次龙骨CB60×27，间距400mm，用挂件与承载龙骨联结 4. U形轻钢承载龙骨CB60×27，中距≤1200mm，用吊件与钢筋吊杆联结后找平 5. ϕ6钢筋吊杆，双向中距≤1200mm，吊杆上部与预留钢筋吊环固定 6. 现浇钢筋混凝土膨胀螺栓固定，双向中距≤1200mm	m²	25.90

4. 工料分析

依据预算定额或企业定额，对天棚装饰项目进行工料分析，查找出天棚工程定额计量单位所需的人工、材料和机械的数量。本例以当地的《建筑装饰工程消耗量定额》为依据，分别套用轻钢龙骨和天棚面层子目，进行天棚D1工料分析，见表1–48和表1–49。

1–20

（1）工料分析

◆ 装配式U形轻钢天棚龙骨，面层规格600mm×600mm平面不上人，见表1–48。

工料分析表　　　　　　　　　　表1–48

工程名称：某酒店标间装饰工程　　　　　　　　第1页　共　　页

子目名称	装配式U形轻钢天棚龙骨，面层规格600×600平面，不上人		计量单位	100m²	定额量	0.26
定额编号	10-696					
名称		单位	定额用量		合计用量	备注
人工	综合工日	工日	19.000		4.940	
材料	铁件	kg	40.000		10.400	
	电焊条（普通）	kg	1.280		0.332	
	高强螺栓	kg	1.220		0.317	
	螺母	个	352.000		92.000	
	射钉	个	153.000		40.000	
	轻钢龙骨 不上人（平面）600mm×600mm	m²	101.500		26.390	
	吊筋	kg	27.500		7.150	
	垫圈	个	176.000		45.760	
机械	交流弧焊机 32kV·A	台班	0.100		0.026	

（2）石膏板天棚面层（安在U形轻钢龙骨上），见表1–49。

工料分析表　　　　　　　　　　　　　　　　表 1-49

工程名称：某酒店标间装饰工程　　　　　　　　　第 1 页　共　　页

子目名称	石膏板天棚面层（安在 U 形轻钢龙骨上）		计量单位	100m²	定额量	0.26
定额编号	10-763					
	名称	单位	定额用量	合计用量	备注	
人工	综合工日	工日	12.000	3.120		
材料	自攻螺栓	个	3450.000	897.000		
	石膏板（饰面）	m²	105.000	27.300		
	其他材料费（占材料费 %）	%	0.850	0.221		

5. 定额基价计算实例

通过市场调查、网上询价或参考当地造价管理部门发布的信息价等方式，确定天棚D1人工、各种材料及机械的单价，完成定额基价的计算。天棚D1 的基价计算过程见表 1-50 和表 1-51。

◆　装配式 U 形轻钢天棚龙骨，面层规格 600mm×600mm 平面，不上人，见表 1-50。

定额计价计算表　　　　　　　　　　　　　　　表 1-50

工程名称：某酒店标间装饰工程　　　　　　　　　第 1 页　共　　页

子目名称	装配式 U 形轻钢天棚龙骨 面层规格 600mm×600mm 平面 不上人		计量单位	100m²
定额编号	10-696			
定额基价	6910.63			
其中：人工费（元）	1635.90			
材料费（元）	5262.51			
机械费（元）	12.22			
	名称	单位	定额用量	定额单价	定额基价	备注
人工	综合工日	工日	19.000	86.10	1635.90	

续表

	名称	单位	定额用量	定额单价	定额基价	备注
材料	铁件	kg	40.000	5.60	224.00	
	电焊条（普通）	kg	1.280	5.35	6.85	
	高强螺栓	kg	1.220	8.00	9.76	
	螺母	个	352.000	0.14	49.28	
	射钉	个	153.000	0.02	3.06	
	轻钢龙骨 不上人型（平面）600mm×600mm	m²	101.500	40.80	4141.20	
	吊筋	kg	27.500	29.93	823.08	
	垫圈	个	176.000	0.03	5.28	
机械	交流弧焊机 32kV·A	台班	0.100	122.21	12.22	

◆ 石膏板天棚面层（安在 U 形轻钢龙骨上），见表 1–51。

定额基价计算表 表 1–51

工程名称：某酒店标间装饰工程 第 1 页 共 页

子目名称		石膏板天棚面层（安在 U 形轻钢龙骨上）		计量单位		100m²
定额编号		10-763				
定额基价		3085.25				
其中：人工费（元）		1033.20				
材料费（元）		2052.05				
机械费（元）		0				
名称		单位	定额用量	定额单价	定额基价	备注
人工	综合工日	工日	12.000	86.10	1033.20	
材料	自攻螺栓	个	3450.000	0.22	759.00	
	石膏板（饰面）	m²	105.000	12.15	1275.75	
	其他材料费（占材料费 %）	%	0.850	1	17.30	

6.直接工程费计算实例

通过以上分析确定天棚D1的人工费、材料费、机械费及定额基价，再结合天棚D1的定额工程量，计算直接工程费。直接工程费计算，见表1-52。

直接工程费计算表

表 1-52

工程名称：某酒店标间装饰工程

第 1 页　　共　　页

序号	定额编号	子目名称	工程量		价值(元)		其中（元）		
			单位	数量	单价	合价	人工费	材料费	机械费
1	10-696	装配式 U 形轻钢天棚龙骨面 层规格 600×600 平面 不上人	100m²	0.26	6910.63	1796.76	425.33	1368.25	3.18
2	10-763	石膏板天棚面层 （安在 U 形轻钢龙骨上）	100m²	0.26	3085.25	802.17	268.63	533.54	
		天棚 D1 费用小计				2598.93	693.96	1901.79	3.18

1.5.3　学习支持

【相关知识】

> 天棚的类型；
>
> 天棚的材料和构造。

1.天棚的类型

天棚的装修根据不同的功能要求可采用不同的类型。天棚的类型可以从不同的角度来进行细分。

（1）根据表层与基层的关系不同，分为直接式天棚和悬挂式天棚。

（2）根据外观形式不同，分为平滑式天棚、井格式天棚、跌落式天棚和悬浮式天棚。

（3）根据承受荷载能力不同，分为上人悬挂式天棚和不上人悬挂式天棚。

（4）根据龙骨材料的不同，分为木龙骨天棚、轻钢龙骨天棚和铝合金龙骨天棚。

（5）根据面层材料不同，分为木质天棚，如胶合板、胶压刨花木屑板等；塑料板天棚，如塑料板、PVC板等；金属板天棚，如钢板网、铝扣板、不锈钢板等；石膏板天棚，如纸面石膏板、石膏吸声板等；无机纤维板悬挂式天棚，如石棉板、矿棉板等；玻璃镜面天棚；装饰板材天棚等。

（6）根据饰面层和龙骨的关系不同，分为活动装配式天棚和固定式天棚。

（7）根据顶层结构层的显露状况不同，分为开敞式天棚和封闭式天棚。

（8）根据施工工艺不同，分为抹灰刷浆类天棚、贴面类天棚、装配式板材天棚、裱糊类天棚、喷刷类天棚等。

2. 天棚的材料与构造

（1）直接式天棚

直接式天棚构造简单、节省材料、施工方便、造价低廉，但是没有可以隐藏管线、设备等的内部空间。因此，直接式天棚常用于普通建筑或功能较为简单、空间尺寸较小的场所。

直接式天棚的类型包括以下几种：直接式抹灰天棚、直接式喷刷天棚、直接式裱糊天棚、直接式粘贴天棚、直接式固定装饰板天棚和结构天棚。

◆ 直接式抹灰天棚是在屋面板或者楼板的底面上直接进行抹灰。常用的抹灰材料有：纸筋灰抹灰、石灰砂浆抹灰、水泥砂浆抹灰等。普通抹灰用于一般建筑或简易建筑，拉毛、甩毛等特种抹灰用于声学等要求较高的建筑。

直接式抹灰天棚的构造做法是：先在天棚的基层（楼板底）上，刷一遍水泥浆，使抹灰层能与基层很好地结合；然后用混合砂浆打底，最后再做面层，如图1-10所示，要求较高的房间，可在底板增设一层钢筋网，在钢筋网上再做抹灰，这种做法强度高，结合牢，不易开裂脱落。

◆ 直接式喷刷天棚是在屋面板或者楼板的底面上直接用浆料喷刷而成的。常用的涂刷材料有：石灰浆、大白浆、彩色水泥浆、可赛银等。主要用于一般建筑，如办公室、宿舍等。对于楼板底平整又没有特殊要求的房间，可在楼板底嵌缝后，直接喷刷浆料，其具体做法与涂刷类墙体的装饰构造类似。

◆ 直接式裱糊天棚是在屋面板或者楼板的底面上直接贴壁纸、壁布或其他织物的饰面方法。主要用于装饰要求较高的建筑，如宾馆的客房、住宅的卧室等。其具体做法与裱糊墙面的构造做法类似。

◆ 直接式粘贴天棚是在屋面板或者楼板的底面上直接粘贴面砖、玻璃等块材或石膏板、木板等材料。其基层的处理方法与抹灰天棚相同；中间层抹 5～8mm 厚水泥砂浆或混合砂浆，保证必要的平整度；面层粘贴块材或固定石膏板、木板等，如图 1-11 所示。

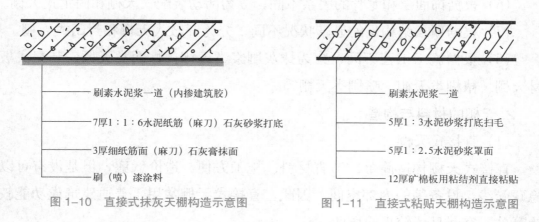

刷素水泥浆一道（内掺建筑胶）

7厚1：1：6水泥纸筋（麻刀）石灰砂浆打底

3厚细纸筋面（麻刀）石灰膏抹面

刷（喷）漆涂料

图 1-10　直接式抹灰天棚构造示意图

刷素水泥浆一道

5厚1：3水泥砂浆打底扫毛

5厚1：2.5水泥砂浆罩面

12厚矿棉板用粘结剂直接粘贴

图 1-11　直接式粘贴天棚构造示意图

◆ 直接式固定装饰板天棚是在屋面板或者楼板的底面上直接铺设固定龙骨，然后固定装饰板的饰面方法。常用的板材有：胶合板、石膏板等。其构造做法是：先采用膨胀螺栓或射钉将连接件固定在基层上；然后主龙骨与连接件连接，次龙骨钉在主龙骨上，间距按照面板尺寸确定；再将面板钉接在次龙骨上；最后做饰面层进行修饰。

◆ 结构天棚是利用楼层或屋顶的结构构件本身的韵律作为装饰，把楼盖或者屋盖显露在外，不再另做顶棚，如图 1-12 所示，结构天棚的装饰重点在于充分利用屋顶结构构件，并巧妙的组合照明、通风、防火、吸声等设备，以显示天棚与结构韵律的和谐，形成统一、优美的空间景观。

结构天棚的主要构件材料及构造一般都由建筑与结构设计院决定。常见类型有：网架结构、拱结构、悬索结构、井格式梁板结构等。

（2）悬吊式天棚

悬吊式天棚，又称为吊顶，是指通过一定的吊挂件将天棚骨架与面层悬吊在楼板或屋面板之下的一种天棚形式。利用这段空间，可布置各种管道和设备，如空调、灯具、灭火器、烟感器等；还可利用这段悬挂高度的变化做

图 1-12　结构天棚

成各种不同形式、不同层次的立体造型。因此，悬吊式天棚具有良好的装饰效果，适用于中、高档次的建筑装饰。

悬吊式天棚一般由吊筋、基层、面层三大基本部分组成，如图 1-13 所示。

◆　天棚吊筋（吊杆）

吊筋是连接龙骨和承重结构的承重传力构件。其主要作用是承受顶棚的荷载，并将荷载传递给屋面板、屋架、楼板、梁等部位；还可用来调整、确定悬吊式天棚的空间高度，以满足不同场合的需要。

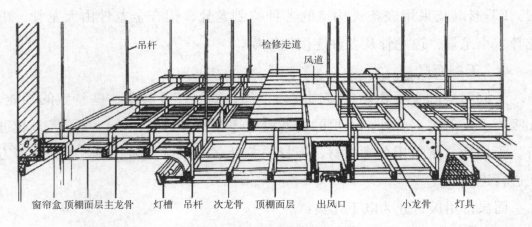

图 1-13　悬吊式天棚构造示意图

吊筋常采用钢筋、型钢或木方等加工制作。钢筋用于一般天棚，一般不小于 $\phi6mm$，与骨架可采用螺栓连接，挂牢在结构中预留的钢筋勾上。型钢用于重型天棚或整体刚度要求特别高的天棚。木方一般用于木基层天棚，并采用金属连接件加固。

◆ 天棚基层

天棚基层是由主龙骨、次龙骨、小龙骨所形成的网格骨架体系。常用的天棚基层有木基层和金属基层两大类。

A. 木基层（木龙骨）

木基层由主龙骨、次龙骨、小龙骨三部分组成。主龙骨为 50mm×70mm，钉接或者拴接在吊杆上，主龙骨间距一般为 1.2～1.5m。次龙骨断面一般为 50mm×50mm，再用 50mm×50mm 的方木吊挂钉牢在主龙骨的底部，并用 8 号镀锌铁丝绑扎。次龙骨的间距，对抹灰层一般为 400mm，对板材面层按板材规格及板材间缝隙大小确定，一般不大于 600mm。

B. 金属基层（金属龙骨）

金属基层常见的有轻钢基层和铝合金基层两种。

轻钢基层是以优质的连续热镀锌板带为原材料，经冷弯工艺轧制而成的金属骨架，断面形式有 U 形、C 形、T 形、L 形。轻钢基层由大龙骨、中龙骨、小龙骨、横撑龙骨及各种连接件组成。轻钢龙骨的规格种类繁多，根据吊顶是否上人和面层的构造做法具体选择。

铝合金基层也是天棚装饰中常见的一种材料。其断面形式有 T 形、U 形、LT 形以及采用嵌条式构造的各种特制龙骨。铝合金龙骨由大龙骨、中龙骨、小龙骨、边龙骨及各种连接件组成。

◆ 天棚面层

天棚面层的主要作用是装饰室内空间，同时还要具备一些特定的功能，如吸声、反射等。此外，面层的构造设计还要结合灯具、风口布置等一起进行。天棚面层常采用各类板材，板材与龙骨之间用钉、粘、搁、卡、挂等方式进行连接。

面层常用板材分为以下几类：

A. 植物型板材：包括胶合板、纤维板、刨花板、细木工板等；

B. 矿物型板材：包括石膏板、纸面石膏板、矿棉装饰吸声板、玻璃棉装饰吸声板、珍珠岩装饰吸声板、轻质硅酸盐板等；

C. 金属板材：包括铝合金装饰板、铝塑复合装饰板、金属微穿孔吸声板等。

1.5.4　学习提醒

【学习提醒】

1. 掌握天棚清单工程量计算规则中应扣减和不应扣减的部分。

【解释】应扣减：单个 $>0.3m^2$ 的孔洞、独立柱及与天棚相连的窗帘盒所占的面积；

不扣减：间壁墙、检查口、附墙烟囱、柱垛和管道所占面积；

不展开：天棚面中的灯槽及跌级、锯齿形、吊挂式、藻井式天棚面积不展开计算。

2. 复习直接工程费的概念，掌握天棚直接工程费的计算。

【解释】直接工程费是指施工过程中耗费的构成工程实体的各项费用。天棚直接工程费包括人工费、材料费和机械费三部分。计算天棚直接工程费，先通过工料分析确定用量，再进行定额单价的确认，然后计算定额基价，最后定额基价乘以用量即可得到天棚直接工程费。

1.5.5　实践活动

【填空题】

1. 建筑装饰施工图中天棚一般用＿＿＿＿＿＿＿＿＿＿字母表示。

2. 根据表层与基层的关系不同，可把天棚分为＿＿＿＿＿＿和＿＿＿＿＿＿。

【简答题】

1. 你曾经见过哪些类型的天棚？试举例说明。

2. 悬吊式天棚的基本组成部分有哪些？

3. 天棚清单工程量和定额工程量是否有区别？

【计算题】

1. 完成天棚 D2 的工程量清单的编制，见表 1-53。

天棚的工程量清单   表 1-53

序号	项目编码	项目名称	项目特征	计量单位	工程数量

2. 完成天棚 D2 的工料分析，见表 1-54。

工料分析表   表 1-54

工程名称：某酒店标间装饰工程   第 1 页   共   页

子目名称		计量单位		定额量	
定额编号					
名称	单位	定额用量	合计用量		备注
人工					
材料					
机械					

3. 完成天棚 D2 的定额基价计算，见表 1-55。

定额基价计算表　　　　　　　　　　　　　　　　表 1–55

工程名称：某酒店标间装饰工程　　　　　　　　　　第 1 页　共　　页

子目名称				计量单位		
定额编号						
定额基价						
其中：人工费（元）						
材料费（元）						
机械费（元）						
名称	单位	定额用量	定额单价	定额基价	备注	
人工						
材料						
机械						

4. 完成天棚 D2 直接工程费的计算，见表 1–56。

直接工程费计算表　　　　　　　　　　　　　　　　表 1–56

工程名称：某酒店标间装饰工程　　　　　　　　　　第 1 页　共　　页

序号	定额编号	子目名称	工程量		价 值(元)		其 中（元）		
			单位	数量	单价	合价	人工费	材料费	机械费

1.5.6　活动评价

教学活动的评价内容与标准，见表1–57。

教学评价内容与标准　　　　　　　　　　　　表 1–57

评价内容	指标	项目	评价标准	个人评价	小组评价	教师评价	综合评价
专业能力评价	知识技能	天棚施工图纸认读					
		天棚清单编制					
		天棚工料分析					
		天棚直接工程费计算					
社会能力评价	情感态度	出勤、纪律					
		态度					
	参与合作	互动交流					
		协作精神					
	语言知识技能	口语表达					
		语言组织					
方法能力评价	方法能力	学习能力					
		收集和处理信息					
		创新精神					
评价合计							

注：评价标准可按 5 分制、百分制、五级制等形成，教师可根据具体情况实施。

1.5.7　知识链接

1. 工程量清单的原文

2. 定额列表

3. 实践活动答案

1–21

任务6 油漆、涂料、裱糊工程的计量与计价

1.6.1 情景描述

【教学活动场景】

教学活动需要提供酒店标间装饰工程施工图纸、《建设工程工程量清单计价规范》GB 50500—2013、《房屋建筑与装饰工程工程量计算规范》GB 50854—2013；学生准备好16开的硬皮本、铅笔、多功能计算器、橡皮、直尺、签字笔等工具。

【学习目标】

能够识读油漆、涂料、裱糊工程装饰施工图纸；了解油漆、涂料、裱糊工程的常用材料与构造。掌握油漆、涂料、裱糊工程工程量清单的编制；能够计算油漆、涂料、裱糊工程的清单工程量；掌握油漆、涂料、裱糊工程工料分析的方法；掌握油漆、涂料、裱糊工程直接工程费的计算。

【关键概念】

工程量清单、工料分析、直接工程费。

【学习成果】

学会编制油漆、涂料、裱糊工程工程量清单；能够独立计算油漆、涂料、裱糊工程的工料分析；熟练应用油漆、涂料、裱糊工程直接工程费的计算方法。

1.6.2 任务实施

【复习巩固】

1. 常见的天棚根据表层与基层的关系、外观形式、承受荷载能力及龙骨

材料的分类形式是什么？

【解释】分类形式有：

（1）根据表层与基层关系不同，分为直接式天棚和悬挂式天棚。

（2）根据外观形式不同，分为平滑式天棚、井格式天棚、跌落式天棚和悬浮式天棚。

（3）根据承受荷载能力不同，分为上人悬挂式天棚和不上人悬挂式天棚。

（4）根据龙骨材料的不同，分为木龙骨天棚、轻钢龙骨天棚和铝合金龙骨天棚。

2. 天棚工程一般包含哪些项目？

【解释】天棚工程一般包含有：

天棚抹灰、天棚吊顶、采光天棚、天棚其他装饰。

【引入新课】

> 油漆、涂料、裱糊工程一般是建筑装饰工程中的最后一道工序。其对建筑物的装饰效果起着不可忽视的作用，甚至可以称为"点睛之笔"。

油漆、涂料、裱糊的材料种类繁多，色彩丰富，变化多样，具有很好的装饰效果。除此以外，油漆、涂料、裱糊类材料耐水、耐候、耐污染，对建筑构件可起到很好的保护作用。随着现代工业的发展，涂料还发展出一些特殊功能，例如，绝缘、导电、颜色随室温改变等。

1. 识读图纸

读图内容

◆ 查找相应图例

A. 请同学们阅读图 02《装饰设计说明》中的材料表，查看墙面、天棚所用涂料。

B. 请同学们浏览图 05 房型一立面图。其中，客房 1 立面采用米黄色乳胶漆，2 立面采用米黄色乳胶漆和红色墙纸，3 立面采用米黄色乳胶漆和红色墙纸，4 立面采用米黄色乳胶漆。

C. 天棚石膏板面刷涂料颜色、类型与客房相同。

◆　确定计算项目

根据以上分析及《房屋建筑与装饰工程工程量计算规范》，油漆、涂料、裱糊部分可列以下清单项目：

A. 米黄色乳胶漆。位置：客房 1、2、3、4 立面。

B. 红色墙纸。位置：客房 2、3 立面。

C. 天棚 D1 乳胶漆。位置：客房、玄关天棚。

D. 天棚 D2 乳胶漆。位置：卫生间天棚。

◆　查找对应尺寸

查看图 05 某快捷酒店房型一立面图 1，可知 1、2、3、4 立面涂料、墙纸的具体尺寸。

2. 工程量清单编制

（1）墙面米黄色乳胶漆工程量清单编制

◆　项目编码：011406001001

◆　项目名称：抹灰面油漆

1-22

◆　项目特征：

A. 米黄色乳胶漆两道；

B. 满刮腻子两道；

C. 刷稀释乳胶漆一道；

D. 局部刮腻子找平。

【注】项目特征描述参考本地建筑物用料做法。

◆　计量单位：m²

◆　计算规则：按设计图示尺寸以面积计算。

◆　计算结果：42.08m²

◆　计算过程：

1 立面：$(0.7+5.945) \times 2.6 - 0.7 \times 0.9 - 5.945 \times 0.08 + (0.6+0.855) \times (2.4 - 0.08) = 19.547m^2$

2 立面：$1.3 \times 2.4 - 1 \times 2.1 - (1.3-1) \times 0.08 = 0.996m^2$

3 立面：$5.945 \times (2.6-0.08) = 14.9814m^2$

4 立面：$(0.3+1.2+1.1) \times (2.6-0.08) = 6.552m^2$

合计：$42.08m^2$

（2）墙面红色墙纸工程量清单编制

◆　项目编码：011408001001

◆　项目名称：墙纸裱糊

◆　项目特征：

A. 贴红色墙纸面层；

B. 满刮 2 厚面层耐水腻子找平。

【注】项目特征描述参考本地建筑物用料做法。

◆　计量单位：m^2

◆　计算规则：按设计图示尺寸以面积计算。

◆　计算结果：$8.51m^2$

◆　计算过程：

2 立面：$1.405 \times (2.6-0.08) = 3.54m^2$

3 立面：$1.455 \times 2.4 - 0.7 \times 2.1 - (1.455-0.7) \times 0.08 = 1.96m^2$

合计：$5.50m^2$

（3）天棚 D1 乳胶漆工程量清单编制

◆　项目编码：011407002001

◆　项目名称：天棚喷刷涂料

◆　项目特征：

A. 米黄色乳胶漆两道；

B. 满刮 2mm 厚面层大白粉腻子找平，面板接缝处贴嵌缝带，刮腻子抹平；

C. 满刮防潮涂料两道，横纵向各刷一道。

◆　计量单位：m^2

◆　计算规则：按设计图示尺寸以面积计算。

◆　计算结果：$25.90m^2$

◆　计算过程：$25.90m^2$

【注】1. 项目特征描述参考本地建筑物用料做法。

2. 天棚 D1 乳胶漆清单工程量同吊顶天棚清单工程量

（4）天棚 D2 乳胶漆工程量清单编制

◆ 项目编码：011407002002

◆ 项目名称：天棚喷刷涂料

◆ 项目特征：

A. 米黄色乳胶漆两道；

B. 满刮 2mm 厚面层防水腻子找平，面板接缝处贴嵌缝带，刮腻子抹平；

◆ 计量单位：m^2

◆ 计算规则：按设计图示尺寸以面积计算。

◆ 计算结果：3.30m^2

◆ 计算过程：3.30m^2

【注】1. 项目特征描述参考本地建筑物用料做法。

2. 天棚 D2 乳胶漆清单工程量同吊顶天棚清单工程量。

3. 工程量清单实例

工程量清单编制标准格式，见表 1-58。

油漆、涂料、裱糊的工程量清单   表 1-58

序号	项目编码	项目名称	项目特征	计量单位	工程数量
1	011406001001	抹灰面油漆	1. 米黄色乳胶漆两道 2. 满刮腻子两道 3. 刷稀释乳胶漆一道 4. 局部刮腻子找平	m^2	42.08
2	011408001001	墙纸裱糊	1. 贴红色墙纸面层 2. 满刮 2mm 厚面层耐水腻子找平	m^2	8.51
3	011407002001	天棚喷刷涂料	1. 米黄色乳胶漆两道 2. 满刮 2mm 厚面层大白粉腻子找平，面板接缝处贴嵌缝带，刮腻子抹平 3. 满刮防潮涂料两道，横纵向各刷一道	m^2	25.90
4	011407002002	天棚喷刷涂料	1. 米黄色乳胶漆两道 2. 满刮 2mm 厚面层防水腻子找平，面板接缝处贴嵌缝带，刮腻子抹平	m^2	3.30

4. 工料分析

依据预算定额或企业定额，对墙面米黄色乳胶漆和红色墙纸装饰项目进行工料分析。查找出墙面米黄色乳胶漆和红色墙纸定额计量单位所需的人工、材料和机械的数量。本例以当地的《建筑装饰工程消耗量定额》为依据，进行工料分析。

1-23

（1）墙面乳胶漆抹灰面两遍，见表 1-59。

工料分析表   表 1-59

工程名称：某酒店标间装饰工程   第 1 页　共　　页

子目名称		乳胶漆抹灰面两遍	计量单位	100m²	定额量	0.42
定额编号			10-1331			
名称		单位	定额用量	合计用量		备注
人工	综合工日	工日	11.200	4.704		
材料	羧甲基纤维素	kg	1.200	0.504		
	滑石粉	kg	13.860	5.821		
	大白粉	kg	52.800	22.176		
	乳胶漆	kg	28.350	11.907		
	聚醋酸乙烯乳液	kg	6.000	2.520		
	石膏粉	kg	2.050	0.861		
	豆包布（白布）0.9m 宽	m	0.180	0.076		
	砂纸	张	6.000	2.520		

（2）墙面贴装饰墙纸（不对花），见表 1-60。

工料分析表   表 1-60

工程名称：某酒店标间装饰工程   第 1 页　共　　页

子目名称		墙面贴装饰墙纸（不对花）	计量单位	100m²	定额量	0.085
定额编号			10-1459			
名称		单位	定额用量	合计用量		备注
人工	综合工日	工日	20.400	1.734		

续表

	名称	单位	定额用量	合计用量	备注
材料	羧甲基纤维素	kg	1.650	0.140	
	大白粉	kg	23.500	1.998	
	酚醛清漆	kg	7.000	0.595	
	油漆溶剂油	kg	3.000	0.255	
	聚醋酸乙烯乳液	kg	25.100	2.134	
	墙纸	m²	110.000	9.350	

5. 定额基价计算实例

通过市场调查、网上询价或参考当地造价管理部门发布的信息价等方式，确定人工、各种材料及机械的单价，完成定额基价的计算。墙面米黄色乳胶漆的基价计算过程，见表1–61。红色墙纸的基价计算过程，见表1–62。

（1）墙面乳胶漆抹灰面两遍，见表1–61。

定额基价计算表　　　　　　　　　　　　表 1–61

工程名称：某酒店标间装饰工程　　　　　　　第 1 页　共　　页

子目名称		乳胶漆抹灰面两遍		计量单位	100m²
定额编号		10-1331			
定额基价		1406.40			
其中：人工费（元）		964.32			
材料费（元）		442.08			
机械费（元）		0			
	名称	单位	定额用量	定额单价	定额基价	备注
人工	综合工日	工日	11.200	86.10	964.32	
材料	羧甲基纤维素	kg	1.200	7.00	8.40	
	滑石粉	kg	13.860	0.40	5.54	
	大白粉	kg	52.800	0.26	13.73	
	乳胶漆	kg	28.350	11.66	330.56	
	聚醋酸乙烯乳液	kg	6.000	13.21	79.26	

续表

名称		单位	定额用量	定额单价	定额基价	备注
材料	石膏粉	kg	2.050	0.60	1.23	
	豆包布（白布）0.9m宽	m	0.180	2.00	0.36	
	砂纸	张	6.000	0.50	3.00	

（2）墙面贴装饰墙纸（不对花），见表1-62。

定额基价计算表　　　　　　　　　　　　　　　　表1-62

工程名称：某酒店标间装饰工程　　　　　　　　　　第1页　共　　页

子目名称	墙面贴装饰墙纸（不对花）		计量单位	100m²
定额编号	10-1459			
定额基价	5759.46			
其中：人工费（元）	1756.44			
材料费（元）	4003.02			
机械费（元）	0			

名称		单位	定额用量	定额单价	定额基价	备注
人工	综合工日	工日	20.400	86.10	1756.44	
材料	羧甲基纤维素	kg	1.650	7.00	11.55	
	大白粉	kg	23.500	0.26	6.11	
	酚醛清漆	kg	7.000	14.48	101.36	
	油漆溶剂油	kg	3.000	10.81	32.43	
	聚醋酸乙烯乳液	kg	25.100	13.21	331.57	
	墙纸	m²	110.000	32.00	3520.00	

6. 直接工程费计算实例

通过以上分析确定墙面米黄色乳胶漆和红色墙纸的人工费、材料费、机械费及定额基价，再结合墙面米黄色乳胶漆和红色墙纸的定额工程量，计算直接工程费。直接工程费计算，见表1-63。

直接工程费计算表   表 1-63

工程名称：某酒店标间装饰工程   第 1 页   共   页

序号	定额编号	子目名称	工程量		价值(元)		其中（元）		
			单位	数量	单价	合价	人工费	材料费	机械费
1	10-1331	乳胶漆抹灰面两遍	100m²	0.42	1406.40	590.69	405.01	185.68	0
2	10-1459	墙面贴装饰墙纸（不对花）	100m²	0.085	5759.46	489.55	149.30	340.25	0

1.6.3 学习支持

【相关知识】

> 常见油漆、涂料的类型；
> 裱糊工程的材料和构造。

1. 油漆、涂料工程

油漆和涂料这两个概念，并没有严格意义上的区分。1960 年以前，其主要原料是天然树脂或干性、半干性油，如松香、大漆、虫胶、亚麻仁油、桐油、豆油等，因而习惯上称为"油漆"。1960 年以后，人工合成树脂开始大规模生产，逐步取代天然树脂等，成为主要原料。油漆一词已不能确切表达其含义，故改称"涂料"。

（1）油漆工程

建筑装饰工程中，油漆常用于木材面和金属面，起到装饰和保护的作用。

◆ 油脂漆

油脂漆是以干性油或半干性油为主要成膜物质的一种底子涂料。其靠空气中的氧化作用结膜干燥，故干燥速度慢，不耐酸、碱和有机溶剂，耐磨性也差。

常用的油脂漆有：清油、厚漆、油性调和漆。

◆ 天然树脂漆

天然树脂漆是以各种天然树脂加干性植物油经混炼后，再加入催干剂、分散介质、颜料等制成的。

常用的天然树脂漆有：虫胶清漆、大漆。

◆ 清漆

清漆是不含颜料的油状透明涂料，以树脂或干性油与树脂为主要成膜物质。油料用量较多时，漆膜柔韧、耐久且富有弹性，但干燥较慢；油料用量较少时，漆膜坚硬、光亮、干燥快，但容易脆裂。

常用清漆有：脂胶清漆、酚醛清漆、醇酸清漆、硝基清漆。

◆ 磁漆

磁漆是在清漆基础上加入无机颜料而制成的。因为漆膜光亮、坚硬、酷似瓷器，所以称为磁漆。磁漆色泽丰富，附着力强。

常见的磁漆有：醇酸磁漆、酚醛磁漆等。

◆ 聚酯漆

聚酯漆是不饱和聚酯为主要成膜物质的一种高档油漆涂料。其漆膜的硬度较高、耐磨、耐热、耐寒、耐弱碱、耐溶剂性能较好。由于配比成分较多，只适宜在静止的平面上涂饰，在垂直面、边线和凹凸线条等部位涂饰时容易流挂。

◆ 防锈漆

防锈漆主要有油性防锈漆和树脂防锈漆两类。油性防锈漆的漆膜渗透性、调温性、柔韧性好，附着力强。但漆膜弱、干燥慢，主要用于金属表面作防锈打底用。

常见的油性防锈漆有：红丹等。

（2）涂料工程

建筑涂料是涂覆于构配件表面而形成的牢固膜层，从而起到保护、装饰作用的一种装饰做法。其色彩丰富、质感强、可以满足各类型建筑物的不同装饰艺术要求。

建筑装饰中，涂料常见的使用部位为外墙和内墙。也可以用于天棚、地面和屋面防水等。

◆ 内墙涂料

常用的内墙涂料有：合成树脂乳液内墙涂料、水溶性内墙涂料、多彩花纹内墙涂料。

A. 合成树脂乳液内墙涂料

合成树脂乳液内墙涂料，又名乳胶漆，是以合成树脂乳液为主要成膜物质，加入着色颜料、体质颜料、助剂，经混合、研磨而制得的薄质内墙涂料。

乳胶漆的种类丰富，是常用的内墙装饰材料，主要品种有：聚酯酸乙烯乳胶漆、丙烯酸酯乳胶漆、乙—丙乳胶漆、苯—丙乳胶漆、聚氨酯乳胶漆等。

B. 水溶性内墙涂料

水溶性内墙涂料是以水溶性合成树脂聚乙烯醇及其衍生物为主要成膜物质，加入适量的着色颜料、体质颜料、少量助剂和水经研磨而成的水溶性涂料。这类涂料生产工艺简单，价格便宜，适用于一般民用建筑室内墙面的装饰，属低档涂料。

水溶性内墙涂料主要分为聚乙烯醇水玻璃内墙涂料（"106"内墙涂料）和聚乙烯醇缩甲醛内墙涂料（"803"内墙涂料）两大类。

C. 多彩内墙涂料

多彩内墙涂料是一种较为新颖的内墙涂料，它是由不相混溶的两个液相组成。涂装干燥后形成坚硬结实的多彩花纹涂层。

◆ 外墙涂料

常见的外墙涂料有以下几类：

A. 合成树脂乳液外墙涂料

合成树脂乳液外墙涂料施工方便，涂抹透气性好，具有良好的耐候性。

常用的品种有：乙—丙乳液涂料、苯—丙外墙涂料、氯—醋—丙涂料、丙烯酸酯乳胶漆、彩色砂壁状外墙涂料、水乳型环氧树脂乳液外墙涂料。

B. 合成树脂溶剂型外墙涂料

合成树脂溶剂型外墙涂料涂膜致密，具有较高的光泽、硬度、耐水性、耐酸性及良好的耐候性、耐污染性等特点，因此，主要用于建筑物的外墙涂饰。但由于施工时易污染环境且价格比乳液型涂料贵，所以用量低于乳液型涂料。

常用的品种有：氯化橡胶外墙涂料、丙烯酸酯外墙涂料、聚氨酯系外墙涂料、丙烯酸酯有机硅外墙涂料、仿瓷涂料。

C. 外墙无机建筑涂料

外墙无机建筑涂料是以碱金属硅酸盐或硅溶胶为主要成膜物质，加入相应的固化剂，或有机合成树脂、颜料、填料等配制而成的。

常见的品种有：JH80-1 型无机建筑涂料、JH80-2 型无机建筑涂料。

2. 裱糊工程

裱糊工程是指将墙纸墙布、丝绒锦缎、微薄木等材料用裱糊的方式覆盖在室内墙面、柱面、天棚面的装饰工程。裱糊类材料在色彩、纹理和图案等方面比较丰富、选择性大，可形成绚丽多彩、古雅精致等各种逼真的装饰效果。

现代建筑装饰中，用到的裱糊类材料有：塑料墙纸、墙布、纤维壁纸、木屑壁纸、金属箔壁纸、皮革、人造革、锦缎、微薄木等。

（1）墙纸

墙纸是室内装修中常用的装饰材料。它具有色彩丰富、图案装饰性强、易于擦洗、易于更新等特点。

◆　墙纸的类型

按外观装饰效果分为：印花墙纸、压花墙纸、浮雕墙纸等；

按施工方法分为：现场刷胶裱糊类、背面预涂压敏胶直接铺贴类；

按墙纸的基层材料分为：全塑料墙纸、纸基墙纸、布基墙纸、石棉纤维或玻璃纤维基墙纸。

◆　墙纸的构造做法

各类墙纸的粘贴基层要坚实牢固、表面平整光洁、色泽一致。在裱糊前要对基层进行处理，首先要清扫墙面、满刮腻子、用砂纸打磨光滑。

墙纸在施工前，要做胀水处理，即先将壁纸在水槽中浸泡 2 ~ 3s 取出，静置 15s，然后刷胶裱糊。粘贴时按先上后下，先高后低的原则，对准基层的垂直准线，胶辊或刮板将其赶平压实，排除气泡。当饰面无拼花要求时，将两幅材料重叠 20 ~ 30mm，用直尺在搭接中部压紧后进行裁切，揭去多余部分，刮平接缝。当有拼花要求时，要使花纹重叠搭接，如图 1-14 所示。

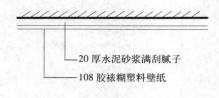

20 厚水泥砂浆满刮腻子

108 胶裱糊塑料壁纸

图 1-14　墙纸构造示意图

（2）墙布

◆　常用墙布类型

玻璃纤维墙布是以玻璃纤维布为基材，表面涂布树脂，经染色、印花等工艺制成的墙布。其强度大、韧性好、耐水、耐火，布纹质感强，经套色印花后有较好的装饰效果。

无纺墙布是采用棉、麻等天然纤维或涤纶、腈纶等合成纤维，经过无纺成型、上树脂、印制彩色花纹而成的一种高级饰面材料。其色彩鲜艳、图案雅致、不褪色、施工简便。

◆　墙布的构造做法

裱糊墙布的方法与墙纸基本相同，主要区别是墙布不需预先做胀水处理及所用粘贴剂不同。

（3）丝绒和锦缎

丝绒和锦缎是一种高级墙面装饰材料，其特点是质感温暖、色泽自然逼真，适用于室内高级墙面裱糊。但其材质较柔软、易变形、不耐脏、不能擦洗、在潮湿的环境中易霉变。

由于丝绒和锦缎的防潮、防腐要求较高，其构造做法中，基层必须进行防潮处理。如图 1-15 所示。

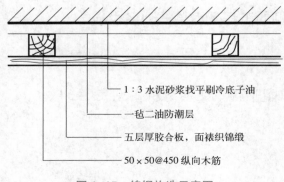

1:3 水泥砂浆找平刷冷底子油

一毡二油防潮层

五层厚胶合板，面裱织锦缎

50×50@450 纵向木筋

图 1-15　锦缎构造示意图

1.6.4　学习提醒

【学习提醒】

1. 掌握墙面、天棚喷刷涂料清单工程量的计算规则。

【解释】墙面、天棚喷刷涂料清单工程量的计算规则为：按设计图示尺寸以面积计算。也就是计算涂料的实际喷刷面积。若有踢脚线，墙面喷刷涂料应扣除踢脚线所占面积；若为跌级天棚，天棚喷刷涂料要展开计算。

2. 掌握油漆、涂料、裱糊工程的工料分析方法。

【解释】工料分析：

（1）根据工程量清单项目特征描述、本地定额选用合适的子目，计算油漆、涂料、裱糊定额工程量。

（2）定额子目中，人工、材料、机械的消耗量分别乘以油漆、涂料、裱糊的定额工程量，得到各项的用量。

1.6.5　实践活动

【填空题】

1. 卫生间天棚类型为＿＿＿＿＿＿＿＿＿＿＿＿＿。

2. 查找图＿＿＿＿＿＿＿＿＿＿，可确定卫生间天棚乳胶漆的计算尺寸。

【简答题】

1. 常见的天棚类型有哪些形式？

2. 如何确定天棚的工程量清单该列多少项？

【计算题】

1. 完成天棚 D2 乳胶漆的工料分析，见表 1-64。

工料分析表　　　　　　　　　　　　　　　　　　　　　　表 1–64

工程名称：某酒店标间装饰工程　　　　　　　　　　　　第 1 页　　共　　页

子目名称			计量单位		定额量	
定额编号						
名称		单位	定额用量	合计用量		备注
人工						
材料						
机械						

2. 完成天棚 D2 乳胶漆的定额基价计算，见表 1–65。

定额基价计算表　　　　　　　　　　　　　　　　　　　　表 1–65

工程名称：某酒店标间装饰工程　　　　　　　　　　　　第 1 页　　共　　页

子目名称				计量单位	
定额编号					
定额基价					
其中：人工费（元）					
材料费（元）					
机械费（元）					
名称	单位	定额用量	定额单价	定额基价	备注
人工					
材料					
机械					

3. 完成天棚 D2 乳胶漆直接工程费的计算，见表 1–66。

直接工程费计算表　　　　　　　　　　　　　　　　　　　表 1–66

工程名称：某酒店标间装饰工程　　　　　　　　　　　　第 1 页　　共　　页

序号	定额编号	子目名称	工程量		价 值(元)		其中（元）		
			单位	数量	单价	合价	人工费	材料费	机械费

1.6.6 活动评价

教学活动的评价内容与标准，见表1–67。

教学评价内容与标准   表 1–67

评价内容	指标	项目	评价标准	个人评价	小组评价	教师评价	综合评价
专业能力评价	知识技能	油漆、涂料、裱糊工程施工图纸认读					
		油漆、涂料、裱糊工程清单编制					
		油漆、涂料、裱糊工程工料分析					
		油漆、涂料、裱糊工程直接工程费计算					
社会能力评价	情感态度	出勤、纪律					
		态度					
	参与合作	互动交流					
		协作精神					
	语言知识技能	口语表达					
		语言组织					
方法能力评价	方法能力	学习能力					
		收集和处理信息					
		创新精神					
评价合计							

注：评价标准可按5分制、百分制、五级制等形式，教师可根据具体情况实施。

1.6.7 知识链接

1. 工程量清单的原文

2. 定额列表

3. 实践活动答案

1–24

任务 7   其他装饰工程的计量与计价

1.7.1   情景描述

【教学活动场景】

教学活动需要提供酒店标间的装饰工程施工图纸、《建设工程工程量清单计价规范》GB 50500–2013、《房屋建筑与装饰工程工程量计算规范》GB 50854–2013、《建筑装饰工程消耗量定额》《建筑装饰工程价目表》；学生准备好 16 开的硬皮本、自动铅笔、计算器、橡皮、直尺、签字笔等工具。

【学习目标】

能够识读建筑装饰施工图纸；了解其他装饰工程包含的内容、常用材料及构造；掌握其他装饰工程量清单的计算规则；掌握其他装饰工程量清单的编制和工料分析。

【关键概念】

其他装饰工程的概念和内容。

【学习成果】

学会编制其他装饰工程量清单并能够进行工料分析。

1.7.2   任务实施

【复习巩固】

1. 油漆、涂料、裱糊工程共有哪些项目？

【解释】油漆、涂料、裱糊工程含有的项目是：

门油漆，窗油漆，木扶手及其他板条、线条油漆，木材面油漆，金属面油漆，抹灰面油漆，喷刷涂料以及裱糊等项目，共计八大类。

2. 油漆、涂料、裱糊工程编制清单时，计量单位一般有哪些？

【解释】计量单位一般有：

门窗油漆的计量单位是樘或 m^2；

木扶手及其他板条、线条油漆的计量单位是 m；

木材面层油漆以及裱糊的计量单位是 m^2；

金属面层油漆的计量单位是 t 或 m^2；

喷刷涂料的计量单位是 m^2、m 或 t。

【引入新课】

这节课我们学习其他装饰工程量清单的编制，首先要了解其他装饰工程包括的内容，按照我国现行的《建设工程工程量清单计价规范》GB 50500-2013、《房屋建筑与装饰工程工程量计算规范》GB 50854-2013 规定，其他装饰工程包括柜类、货架、压条、装饰线、扶手、栏杆、栏板装饰、暖气罩、浴厕配件、雨棚、旗杆、招牌、灯箱、美术字等部位的装饰。

1. 识读图纸

读图内容

◆ 查找柜子相应图例

首先请同学们在酒店装修图纸中查找图 03 房型—索引图、地坪图，然后在"立面索引图"的左上角标注 TC1319 旁边有一"窗下柜"，与窗户同宽，宽度 1300mm，高度与窗台平，如图 1-16 所示。

其次在"客房地坪图"右下角有汉字标注"柜子"，宽度 570mm，高度与吊顶平齐，如图 1-17 所示。

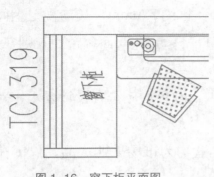

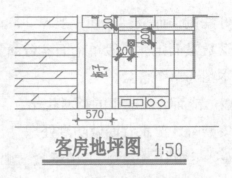

图 1-16　窗下柜平面图　　　　　　图 1-17　客房柜子平面图

◆　查找大理石洗漱台、毛巾杆、镜子的相应图例

打开酒店装修图的最后一张，在"6 立面图"中首先找镜子，本图中的镜子为圆形，直径 750mm，位于洗漱台上方，圆镜如图 1-18 所示、洗漱台如图 1-19 所示。

在镜子下方就是大理石洗漱台，然后向下查找"8 立面图"，在左上方有一个毛巾架，如图 1-20 所示。

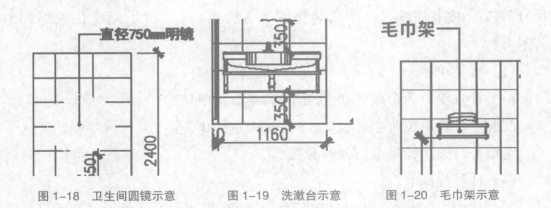

图 1-18　卫生间圆镜示意　　　图 1-19　洗漱台示意　　　图 1-20　毛巾架示意

2. 工程量清单编制

（1）清单编制说明

◆　柜类工程按高度分为高柜（高度 1600mm 以上）、中柜（高度 900 ~ 1600mm）、低柜（高度在 900mm 以内），按用途分为衣柜、书柜、资料柜、厨房壁柜、电视柜、床头柜、收银台等。

◆　洗漱台是卫生间用于支撑台式洗脸盆，搁放洗漱用品，同时起装饰卫生间作用。洗漱台一般用纹理颜色具有较强装饰性的大理石或花岗石面板经磨边、开孔制作而成。台面一般厚 200mm，宽约 570mm，长度视卫生间大小和洗脸盆数量而定。一般单个面盆台面长 1～1.5m，双面盆台面长则在 1.5m 以上，本图为单个台盆。

◆ 镜面玻璃选用的材料规格、品种、颜色均应符合设计要求，对卫生间镜面安装时，要求背面做防潮处理。

◆ 毛巾杆（架）、卫生纸盒、肥皂盒均为市场采购成品，仅需在墙上埋入胀管，用木螺钉固定即可。

（2）项目编码

011501011001——窗下矮柜

011501008001——木壁柜

011505001001——洗漱台

011505010001——镜面玻璃

011505006001——毛巾杆（架）

清单编码一共 12 位，前 9 位为统一编码，后三位根据施工图中材质、尺寸等差异按顺序编号，酒店装饰图中各构件只有一个，后 3 位编码均为"001"。

（3）计量单位

柜类计量单位为个或者 m 或者 m^3，本教材中采用"个"为计量单位；

洗漱台计量单位为个或者 m^2，本教材中采用"个"为计量单位；

毛巾杆（架）计量单位为"套"。

（4）计算规则

◆ 柜类以个计量，按设计图示数量计量；以米计量，按设计图示尺寸以延长米计算；以立方米计量，按设计图示尺寸以体积计算。为了方便且避免混淆，本教材中采用个为计量单位。

◆ 洗漱台以平方米计量时，按设计图示尺寸以台面外接矩形面积计算，不扣除孔洞、挖弯、削角所占面积，挡板、吊沿板面积并入台面面积内；以个计量，按设计图示数量计量，本教材中采用个为计量单位。

◆ 毛巾杆（架）以套计量，按设计图示数量计量。

（5）窗下柜工程量清单实例

◆ 项目编码　011501011001——矮柜

◆ 项目特征

A. 台柜的规格——高度900mm × 长度1300mm × 宽度700mm

B. 材料的种类、规格——木质

C. 五金种类、规格——普通合页

D. 油漆品种、刷漆遍数——白色调和漆三遍

◆ 计量单位：个

◆ 计算规则：柜类以个计量，按设计图示数量计量

◆ 计算过程：工程量 =1 个

◆ 清单实例

某酒店矮柜工程量清单，见表1–68。

工程量清单　　　　　　　　　　　　　　　　　表 1–68

工程名称：某酒店装饰工程　　　　　　　　　　　第 1 页　　共　　　页

项目编码	项目名称	项目特征	计量单位	工程数量
011501011001	矮柜	1. 木质窗下矮柜，尺寸高度900mm× 长度 1300mm× 宽度700mm 2. 普通合页，白色调和漆三遍	个	1

3. 工料分析

工料分析是对完成每个清单项目所需用的人工、材料进行分析，以便编制材料采购计划及劳动力安排。以窗下矮柜为例，讲述如何用消耗量定额进行工料分析，先查找消耗量定额对应的定额子目，然后根据定额子目的消耗数量乘以清单工程量，就是该分项工程所用的人工和材料数量，需注意的是消耗量定额里均考虑了正常施工条件下的正常损耗。

1–25

清单消耗数量 = 定额消耗数量 × 清单工程量

矮柜制作安装

工作内容：下料、抛光、画线、成型、顶贴胶合板、贴装饰面层、五金配件安装、清理等全部操作过程。某酒店矮柜消耗量定额，见表1–69。

消耗量定额

表 1–69

工程名称：酒店装修工程

第 1 页　共　页

					项目编码：011501011001	
项目名称		矮柜	单位	个	工程数量	1
序号	编号	名称	单位	定额消耗数量		清单消耗数量
	R00003	综合工日（装饰）	工日	1.88		1.88
	C00218	大芯板（细木工板）	m²	1.8434		1.8434
	C00521	红榉木夹板	m²	4.1071		4.1071
	C00662	聚醋酸乙烯乳液	kg	2.3414		2.3414
	C01266	铁钉	kg	0.2244		0.2244
	C01100	射钉（枪钉）	盒	0.7221		0.7221
	C00641	榉木 封边 / 直板 / 倒圆线 25×5mm	m	12.411		12.411
	C00591	胶合板 9mm	m²	2.443		2.443
	C00644	榉木皮	m²	0.9706		0.9706
	C00910	木拉手	个	2.9004		2.9004
	C00519	合页	副	2.905		2.905
	C00843	螺钉	个	23.21		23.21
	C00643	榉木内角线 10×10mm	m	4.9132		4.9132

注：1. 不同地区的消耗量定额存在一定差异；

　　2. 编号中 R 代表人工、C 代表材料、J 代表机械，编号下的编码由不同地区自行实施分类。

4. 直接工程费计算

直接工程费由人工费、材料费和施工机具使用费组成，根据分项工程的名称、规格、计量单位与消耗量定额及价目表中所列内容完全一致时可直接套用，形成完成该分项工程的直接工程费。

直接工程费 = 人工消耗量 × 人工的定额单价 × 定额工程量 + ∑材料消耗量 × 材料的定额单价 × 定额工程量 + ∑机具消耗量 × 机具台班的定额单价 × 定额工程量

某酒店卫生间毛巾杆工料分析，见表 1–70。

工料分析表　　　　　　　　表 1-70

工程名称：某酒店装修工程　　　　　　　　第 1 页　共　　页

工程名称：酒店装修工程					
项目编码：011505006001					
项目名称：毛巾杆（架）	单位	套	工程数量		2
序号	编号	名称	单位	定额消耗数量	定额单价	合价
1		人工费	元	人工费		
	R00003	综合工日（装饰）	工日	0.043	86.10	7.40
2		材料费	元	材料费		
	C00913	木螺钉	个	8.16	0.03	0.49
	C00120	不锈钢毛巾架	副	1.01	19.65	39.69
3		直接工程费	元			47.58

1.7.3　学习支持

【相关知识】

> 熟悉窗台板、门窗套、柜子、浴厕配件的形状、材质；
> 了解装饰装修工程的基本工艺标准；
> 了解建安工程费用的组成。

1. 细木类施工构造及工艺标准

（1）范围

本标准规定了壁柜、吊柜、窗帘盒、窗台板等细木工程制作与安装的施工要求、方法和质量控制标准。

本标准适用于一般建筑工程中的壁柜、吊柜、窗帘盒、窗台板、散热器罩和门窗套的制作与安装。

（2）规范性引用文件

下列文件中的条款通过本标准的引用而成为本标准的条款。凡是注日期的引用文件，其随后所有的修改单（不包括勘误的内容）或修订版不适用于本标准。凡是不注日期的引用文件，其最新版本适用于本标准。

《建筑工程施工质量验收统一标准》GB 50300–2013

《建筑装饰装修工程质量验收标准》GB 50210–2018

《普通胶合板》GB /T 9846–2015

（3）术语

◆　人造木板

以植物纤维为原料，经机械加工分离成各种形状的单元材料，再经组合并加入胶结剂压制而成的板材，包括胶合板、纤维板、刨花板等。

◆　饰面人造木板

以人造板为基材，经涂饰或复合装饰材料面层后的板材。

（4）施工准备

◆　技术准备

A. 熟悉图纸，明确设计要求，编制施工方案。

B. 对操作工人做好各项施工安全、技术交底。

◆　物资准备

A. 木方料：木方料用于制作骨架的基本材料，应选用木质较好、无腐朽、不潮湿、无扭曲变形的合格材料，含水率不大于12%。

B. 胶合板：胶合板应选择不潮湿并无脱胶开裂的板材；饰面胶合板应选择木纹流畅、色泽纹理一致、无疤痕、无脱胶空鼓的板材。

C. 配件：根据家具的连接方式、造型与色彩选择五金配件，如拉手、铰链、镶边条、合页、插销、锁、碰珠、圆钉、木螺钉等。

◆　施工设施准备

A. 施工机械：电锯、电刨、电焊机。

B. 工具用具：手电钻、小台钻、大刨、二刨、小刨、裁口刨、木锯、斧子、扁铲、木钻、丝锥、螺丝刀、钢锯、钢水平、凿子、钢锉等。

C. 监测装置：水平尺、靠尺、钢卷尺等。

◆　作业条件准备

A. 结构工程和有关壁柜、吊柜的连体构造已具备安装壁柜和吊柜的条件，室内已有标高水平线。

B. 壁柜、吊柜成品、半成品已进场，并经验收，数量、质量、规格、品种无误。

C. 壁柜、吊柜产品进场验收合格后，应及时对安装位置靠墙，贴地面部位涂刷防腐涂料，其他各面应涂刷油漆一道，存放应平整，保持通风；一般不应露天存放。

D. 壁柜、吊柜的框和扇，在安装前应检查有无窜角、翘曲、弯扭、劈裂，如有以上缺陷，应修理合格后再进行拼装。吊柜钢龙骨应检查规格，有变形的应修正合格后再进行安装。

E. 壁柜、吊柜的框应在抹灰前进行安装；扇应在抹灰后进行安装。

F. 安装窗帘盒前，顶棚、墙面、门窗、地面的装饰做完。

G. 安装窗台板的墙，在结构施工时已根据选用窗台板的品种，预埋木砖；窗框已安装。窗台板与散热器罩连体的墙、地面装修层已完成。

H. 检查门窗洞口垂直度和水平度是否符合规范要求；检查安装门窗套的结构面是否按照要求预埋木砖，位置是否正确。

（5）施工工艺

◆ 壁柜、吊柜制作与安装工艺操作要求

A. 找线定位：抹灰前利用室内统一标高线，按设计施工图纸要求的壁柜、吊柜标高及上下口高度，考虑抹灰厚度的关系，确定相应的位置。

B. 壁柜、吊柜的框、架安装：壁柜、吊柜的框和架应在室内抹灰前进行，安装在正确位置后，两侧框固定点应钉两个钉子与墙体木砖钉牢。钉帽不得外露。若隔墙为轻质材料，应按设计要求固定方法固定牢固。如设计无要求，可预钻深 70 ~ 100mm 的 φ5mm 孔，埋入木楔，其方法是将与孔相应大的木楔粘水泥胶，打入孔内粘接牢固，用以钉固框。

采用钢框时，须在安装洞口固定框的位置处预埋铁件，用来进行框件的焊固。

在框架固定前应先校正、套方、吊直，核对标高、尺寸、位置准确无误后，进行固定。

壁柜、吊柜制作与安装工艺流程图，如图 1-21 所示。

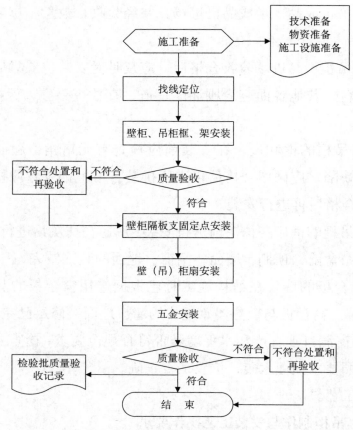

图 1-21　壁柜、吊柜制作与安装工艺流程图

C. 壁柜隔板支固点安装：按施工图隔板标高位置及支固点的构造要求，安设隔板的支固条、架、件。木隔板的支固点一般是将支固木条钉在墙体木砖上；混凝土隔板一般是"["形铁件或设置角钢支架。

◆　窗帘盒制作与安装工艺操作要求

A. 窗帘盒的制作：

（A）定位划线：安装窗帘盒、窗帘杆的房间，应按设计图要求进行中心定位，弹出找平线，找好构造关系。

（B）打孔：根据划好的定位中心线，在墙上打出安装定位孔。

（C）固定窗帘盒：将窗帘盒中线对准窗口中线，安装时靠墙部位要贴严，设计要求重窗帘时，明窗帘盒安装轨道应加螺钉，暗窗帘盒安装轨道时，小角应加密木螺钉规格不小于 30mm。

B. 暗窗帘盒的安装：暗装形式的窗帘盒，主要特点是与吊顶部分结合在一起，常见的有内藏式和外接式。

（A）内藏式窗帘盒主要形式是在窗顶部位的吊顶处，做出一条凹槽，在槽内装好窗帘轨。作为含在吊顶内的窗帘盒，与吊顶施工一起做好。

（B）外接式窗帘盒是在吊顶平面上，做出一条贯通墙面长度的遮挡板，在遮挡板内吊顶平面上装好窗帘轨。遮挡板与顶棚交接线要用阴角线压住。遮挡板的固定法可采用射钉固定，也可采用预埋木、圆钉固定，或膨胀螺栓固定。

（C）窗帘轨安装：窗帘轨道有单、双或三轨道之分。单体窗帘盒一般先安轨道，暗窗帘盒在安装轨道时，轨道应保持在一条直线上。轨道形式有工字形、槽形和圆杆形三种。

工字形窗帘轨是用与其配套的固定爪来安装，安装时先将固定爪套入工字形窗帘轨上，每1m窗帘轨道有三个固定爪安装在墙面上或窗帘盒的木结构上。

槽形窗帘轨的安装，可用 $\phi 5.5$ 的钻头在槽形轨的底面打出小孔，再用螺钉穿出小孔，将槽形轨固定在窗帘盒内的顶面上。

◆ 木质窗台板操作要求

A. 窗台板制作应符合下列要求：窗台板制作与安装工艺流程图，如图1-22所示。

（A）按图纸要求加工的木质窗台板表面应光洁，其净料厚度在20～30mm，比待安的窗长240mm。

（B）窗台板宽度视窗口深度而定，一般要安装出窗口60～80mm，台板外沿倒楞或起线。台板宽度大于150mm，需要拼接时，背面必须穿暗带防止翘曲，窗台板背面开卸力槽。

B. 窗台板的安装应符合下列要求。

（A）要求核对窗下框标高、位置，对窗台板的标高进行画线，使同一房间的连通窗台板保持标高和纵、横位置一致，安装时应拉通线找平，使成品做到横平竖直。

（B）检查固定窗台板的预埋件是否符合设计要求与连接构造要求，如有误差应进行处理。

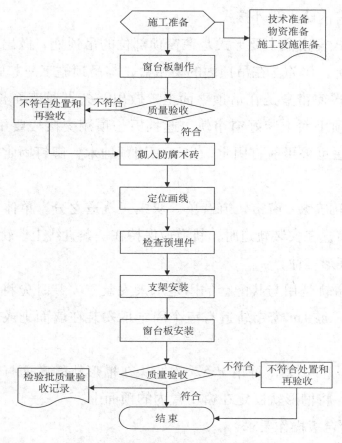

图 1-22　窗台板制作与安装工艺流程图

（C）设计有窗台板支架或按构造要求需要设窗台板支架时，安装前应核对支架的高度、位置进行支架安装。

（D）在窗台墙上预先埋入防腐木砖，木砖间距 500mm 左右，每樘窗不少于两块，在窗框的下坎裁口或打槽（深 12mm，宽 10mm）。将窗台板刨光或起线后，放在窗台墙顶上居中，里边找平、找齐，使其高度一致，突出墙面尺寸一致。窗台板上表面向室内略有倾斜（泛水），坡度 1%。

（E）用明钉把窗台板与木砖钉牢，钉帽砸扁，顺木纹冲入板的表面，在窗台板的下面与墙交角处，要钉窗台线（三角压条）。窗台线预先刨光，按窗台长度两端刨成弧形线脚，用明钉与窗台板斜向钉牢，钉帽砸扁，冲入板内。

（6）质量控制标准

◆　主控项目；

◆ 一般项目；

◆ 其他质量控制要求。

（7）产品防护

（8）环境因素及危险源控制措施

◆ 环境因素控制措施；

◆ 危险源控制措施。

（9）质量记录

执行本标准应形成质量记录。

◆ 原材料合格证、出厂检试验报告、出厂质量证明资料

◆ 04-B1024 工序交接、中间交接检查记录

◆ 04-B1019 施工技术交底记录

◆ C1230 房屋建筑装饰装修材料燃烧性能等级检查表

◆ B1065-04 材料、成品、半成品、构件进场检查验收记录

◆ A3059 橱柜制作与安装工程检验批质量验收记录表

◆ A3060 窗帘盒、窗台板和散热器罩制作与安装工程检验批质量验收记录表

◆ A3061 门窗套制作与安装工程检验批质量验收记录表

【注】以上表式采用《陕西省建筑工程施工质量验收配套表格》所规定的表式。

2. 建安工程费用的组成

建安工程费用的组成常用有按费用构成要素和按造价形式划分两种情况：

（1）建安工程费按费用要素的构成

建安工程费按费用构成要素划分，由人工费、材料费（包含设备费）、施工机具使用费、企业管理费、利润、规费和税金组成，如图 1-23 所示。

（2）建安工程费按照工程造价的构成

建安工程费按照工程造价形成由分部分项工程费、措施项目费、其他项目费、规费、税金组成，如图 1-24 所示。

1-27

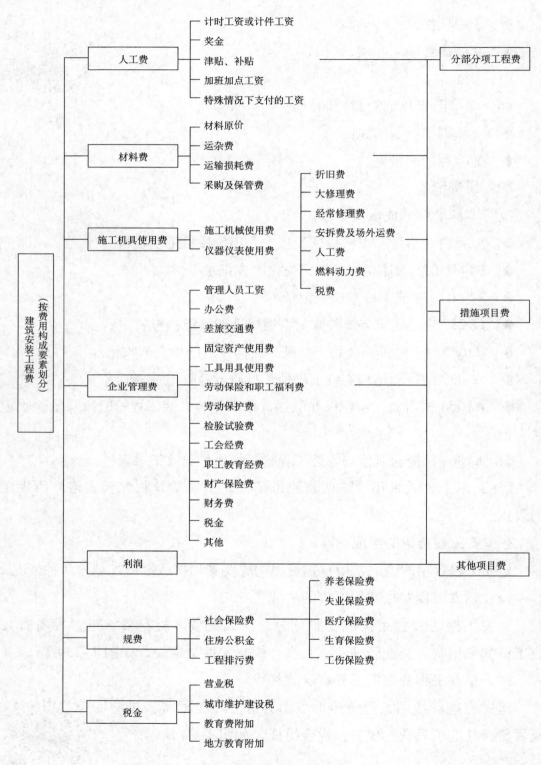

图1-23 按费用构成要素划分的建安工程费组成

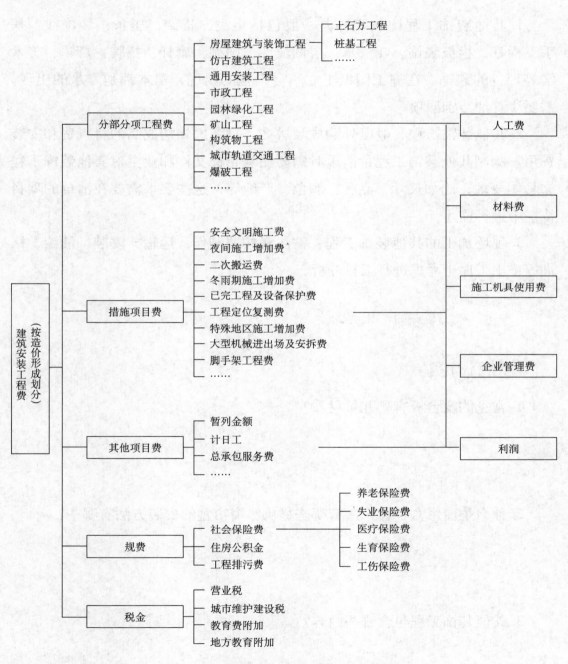

图 1-24　按造价形成划分的建安工程费组成

1.7.4 学习提醒

【学习提醒】

1. 其他装饰工程比较琐碎，一般包括柜类、货架、压条、装饰线、扶手、栏杆、栏板装饰、暖气罩、浴厕配件、雨棚、旗杆、招牌、灯箱、美术字等部位的装饰，在施工图纸上它不会大量的出现，基本都是零星的出现，需要注意细节别漏项。

2. 其他装饰工程一般以外购成品居多，只考虑外购成品的材料费和安装费用，编制其他装饰工程量清单时需要注意招标文件和业主对其他装饰工程的具体要求，比如尺寸、品牌、颜色、产地等，这些要求需要在清单的项目特征中进行描述。

3. 现场加工的其他装饰工程，需注意按照制作、运输、安装、油漆、裱糊等施工工序上考虑进行工料分析。

1.7.5 实践活动

【课后讨论】

1. 常见的窗台板有哪几种材质？

2. 什么是窗帘盒？窗帘盒有哪些材质？窗帘盒的安装方法有哪些？

3. 其他装饰工程包含哪些内容？

【不定项选择题】

1. 消耗量定额可以分析出分项工程所使用的（   ）。

    A. 直接工程费   B. 工费

    C. 料费   D. 料机的消耗数量

2. 卫生间洗漱台的计量单位是（   ）。

    A. m^2 B. 个

    C. m   D. 都可以

3. 不属于其他装饰工程的是（   ）。

    A. 装饰线   B. 扶手   C. 美术字   D. 块料地面

4. 直接工程费是由（   ）组成。

    A. 人工费   B. 规费   C. 材料费   D. 施工机具使用费

【判断题】

1. （   ）柜类计量单位为"个"或者"m"或者"m^3"。

2. （   ）清单材料消耗数量等于定额材料消耗数量乘以清单材料工程量。

3. （   ）工程排污费属于规费范畴。

4. （   ）安全文明施工措施费不属于其他项目费范畴。

1.7.6 活动评价

教学活动的评价内容与标准，见表1–71。

教学评价内容与标准   表1–71

评价内容	指标	项目	评价标准	个人评价	小组评价	教师评价	综合评价
专业能力评价	知识技能	施工图识读					
		清单完成情况					
		工料分析情况					
		实践活动情况					

续表

评价内容	指标	项目	评价标准	个人评价	小组评价	教师评价	综合评价
社会能力评价	情感态度	出勤纪律					
		态度					
	参与合作	互动交流					
		协作精神					
	语言知识技能	口语表达					
		语言组织					
方法能力评价	方法能力	学习能力					
		收集和处理信息					
		创新精神					
评价合计							

注：评价标准可按 5 分制，百分制，五级制等形式，教师可根据具体情况实施。

1.7.7　知识链接

1. 工程量清单的原文

2. 定额列表

3. 实践活动答案

1-28

任务 8　拆除工程的计量与计价

1.8.1　情景描述

【教学活动场景】

> 教学活动依据提供的酒店标间及银行营业大厅的装饰工程施工图纸、《建设工程工程量清单计价规范》GB 50500–2013、《房屋建筑与装饰工程工程量计算规范》GB 50854–2013、《修缮定额》《建筑装饰工程价目表》样本；学生准备好 16 开的硬皮本、自动铅笔、多功能计算器、橡皮、直尺、签字笔等工具。

【学习目标】

了解拆除工程的常用方法；掌握拆除工程量清单的计算规则；了解拆除工程常用的计价方法。

【关键概念】

二次装修、修缮工程。

【学习成果】

学会编制拆除工程工程量清单；了解常用拆除工程的计价方法。

1.8.2　任务实施

【复习巩固】

1. 上节任务学习的其他装饰工程共分几大类？分别是什么名称？

【解释】其他装饰工程共有 8 大类；名称分别是货柜、货架，压条、装饰线，扶手、栏杆、栏板装饰，暖气罩，浴厕配件，雨篷、旗杆，招牌、灯箱和美术字。

2. 压条、装饰线，扶手、栏杆、栏板装饰，暖气罩，招牌、灯箱和美术字的计量单位分别是什么？

【解释】

计量单位为 m ——压条、装饰线，扶手、栏杆、栏板装饰。

计量单位为 m² ——暖气罩。

计量单位为 m² 或个——招牌、灯箱。

计量单位为个 ——美术字。

3. 网络调研：什么是二次装修？什么是重新装修？什么是修缮工程？

【解释】

二次装修是指地产商完成竣工验收等相关手续交付使用后，业主根据自身需要对房屋再次建设装饰装修。

重新装修是指以前的装饰装修已经淘汰或陈旧，需要加以翻新的装饰装修。

修缮工程是指在一切竣工交付使用的建筑物、构筑物上进行土建、项目更新改造、设备保养、维修、更换、装饰、装修、加固等施工作业，以恢复、改善使用功能，延长房屋使用年限的工程。

【引入新课】

> 其他装饰工程涉及的均为建筑装饰工程的内容，必须好好掌握。
>
> 今后从事的工作中，经常涉及二次装修、重新装修或修缮工程。其中一项常见的工作就是拆除工程，拆除那些不需要的装饰装修部分。拆除工程涉及人工、机械及资金等资源，因此本节任务就是拆除工程的计量与计价。

1. 拆除工程概述

随着我国城市现代化建设的加快，人民物质生活水平的提高，旧建筑拆除工程以及旧建筑的二次装修工程日益增多。拆除物的结构从砖木结构到混合结构、框架结构、板式结构等，从建筑物拆除到烟囱、水塔、桥梁、码头等构筑物的拆除，从室外二次装修或重新装修项目到室内二次装修或重新装修项目

1-29

的拆除工程等。因而建（构）筑物的拆除施工近年来已形成一种行业的趋势。

（1）拆除工程的概念

拆除工程是指对已经建成或部分建成的建（构）筑物，建筑装饰饰面以及构配件进行拆除的工程。

（2）拆除工程的分类

◆　按拆除的标的物不同，分为民用建筑的拆除、工业厂房的拆除、地基基础的拆除、机械设备的拆除、工业管道的拆除、电气线路的拆除、施工设施的拆除和建筑装饰的拆除等；

◆　按拆除的程度不同，分为全部拆除和部分拆除（或称为局部拆除）；

◆　按拆下来的建筑构件和材料的利用程度不同，分为毁坏性拆除和利用性拆卸；

◆　按拆除的空间位置不同，分为地上拆除和地下拆除；

◆　按拆除方式不同，分为人工拆除、机械拆除、爆破拆除和静力破碎拆除等。

（3）拆除工程施工特点

◆　作业流动性大；

◆　作业人员素质要求低；

◆　潜在危险大：

A．无原图纸，制定拆除方案困难，易产生判断错误；

B．由于加层改建，改变了原承载系统的受力状态，在拆除中往往因拆除了某一构件造成原建筑物和构筑物的力学平衡体系受到破坏，造成部分构件倾覆而伤人。

◆　对周围环境的污染；

◆　露天作业。

2. 拆除工程的计量

【案例】依据项目一某酒店标间的建筑装饰施工图纸，该标间卫生间出现漏水现象，需要对卫生间的地面及防水进行拆除，进行二次装修，编制该标间的卫生间地面拆除工程的工程量清单。

1-30

137

（1）读图内容

已经在项目一的任务 2 中对图纸进行了识读，此处不再重复。

◆ 确定计算项目

卫生间地面及防水拆除工程。

◆ 查找对应尺寸

（2）工程量清单编制

◆ 项目编码：

011605001001——平面块料拆除

◆ 项目特征：

A. 拆除的基层类型——拆除 JS 防水层

B. 饰面材料种类——300mm × 300mm 白色防滑地砖

◆ 计量单位：m^2

◆ 计算规则：

按拆除面积计算。

◆ 计算结果：$3.15m^2$

◆ 计算过程：

卫生间面积 =（0.57+0.995+0.40）×（1.00+0.165）－ 0.40×0.165=2.22m^2

淋浴间面积 =（0.06+0.955）×0.995 － 0.18×0.45=0.93m^2

总拆除面积 =2.22+0.93=3.15m^2

3. 工程量清单实例

标间的卫生间地面拆除工程量清单，见表 1-72。

工程量清单实例 表 1-72

序号	项目编码	项目名称	项目特征	计量单位	工程数量
1	011605001001	平面块料拆除	1. 拆除 JS 防水层 2. 300mm × 300mm 白色防滑地砖	m^2	3.15

4. 拆除工程的计价方法

（1）定额计价法

依照相应的拆除定额或者修缮定额，拆除工程的分部分项工程套用相应的拆除定额。首先确定拆除项目及工程量；第二套用相应定额子目；第三计算拆除废料虚方量及垃圾清运费用。定额法不适用于新建、扩建工程以及单独进行抗震加固的工程。

（2）经验估价法

适用于定额子目不够全面，无法按照定额实施计价。通过市场询价，或者与有经验的甲乙双方进行咨询，进行综合分析和判断，最后给出拆除工程的估算价格。应包括人工费、机械费、渣场费、运输费和管理费等费用。

（3）免费拆除法

该办法采取以料抵工做账的方法，前提条件是拆除材料可以利用，并且建设单位将拆除材料给予拆除单位用以抵扣拆除用工及废料清理的费用。首先看拆除的难易程度；第二是看拆除材料的可利用程度；第三是看不能利用的废料的外运距离和堆放成本。

（4）面积计价法

建筑面积计价法适合于现场实施整体拆除工程的计价。按照每平方米的拆除价格乘以需要整体拆除的原建筑物的建筑面积进行计价，得到直接工程费，然后计取管理费和利润，最后签订拆除合同。

（5）签证计价法

签证计价法就是实施拆除工程的施工单位根据现场实际发生的拆除工程的项目内容，分析计算所发生的拆除工程的用工数量、机械台班数量、废渣运输量、渣场费用等的情况，进行现场签证，明确拆除工程的费用。

1.8.3 学习支持

【相关知识】

> 拆除工程的适用范围、相关要求；
> 拆除工程的安全防护措施、安全施工的相关要求；
> 拆除工程的安全技术要求等。

1. 拆除工程的适用范围

（1）第一次出现拆除工程，是2013年建设工程计价计量规范新增的工程；

（2）适用于房屋工程的维修、加固、二次装修前的拆除；

（3）不适用于房屋的整体拆除；

（4）计价规则中，将拆除工程划分为15节共37个项目，分别为砖砌体拆除、混凝土及钢筋混凝土构件拆除、木构件拆除、抹灰层拆除、块料面层拆除、龙骨及饰面拆除、屋面拆除、铲除油漆涂料裱糊面、栏杆栏板及轻质隔断隔墙拆除、门窗拆除、金属构件拆除、管道及卫生洁具拆除、灯具及玻璃拆除、其他构件拆除、开孔（开洞）。

2. 拆除工程相关要求

（1）建筑拆除工程必须由具备爆破或拆除专业承包资质的单位施工，严禁将工程非法转包。

（2）拆除工程签订施工合同时，应签订安全生产管理协议。建设单位、监理单位应对拆除工程施工安全负检查督促责任；施工单位应对拆除工程的安全技术管理负直接责任。

（3）建设单位应在拆除工程开工前15日，将下列资料报送建设工程所在地的县级以上地方人民政府建设行政主管部门备案。

◆ 施工单位资质等级证明；

◆ 拟拆除建筑物、构筑物及可能危及毗邻建筑的说明；

◆ 拆除施工组织方案或安全专项施工方案。

3. 拆除工程的安全防护措施

4. 拆除工程安全施工的一般要求

1-31

1.8.4 学习提醒

【学习提醒】

1. 注意不同的拆除工程进行编码列项，需要对应不同的工程量计算规范。

【解释】不同的拆除工程对应如下的工程量计算规则：

（1）房屋建筑工程、仿古建筑、构筑物、园林景观工程等的项目拆除，可按《房屋建筑与装饰工程工程量计算规范》相应项目编码列项；

（2）市政工程、园路、园桥工程等项目拆除，按《市政工程工程量计算规范》相应项目编码列项；

（3）市政轨道交通工程拆除，按《城市轨道交通工程工程量计算规范》相应项目编码列项。

2.注意不同拆除工程的项目特征描述的要求有所不同。

【解释】建筑装饰工程的拆除项目，在项目特征描述时，注意下列要求：

（1）对于只拆面层的项目，在项目特征中，不必描述基层（或龙骨）类型（或种类）；

（2）对于基层（或龙骨）和面层同时拆除的项目，在项目特征中，必须描述（基层或龙骨）类型（或种类）。

3.注意拆除项目工作内容中包括的内容。

【解释】拆除项目工作内容中含"建渣场内、外运输"，因此，组成综合单价，应含建渣场内、外运输。

1.8.5 实践活动

【多项选择题】

1.门窗拆除的计量单位有（　　　　　）。

  A. 樘　　　　　　　　　　B. m²

  C. 扇　　　　　　　　　　D. 延长米

2.采用拆除工程的计价方法有定额计价法、（　　　　　）等。

  A. 经验估价法　　　　　　B. 免费拆除法

  C. 面积计价法　　　　　　D. 签证计价法

3.拆除工程适用于房屋工程的（　　　　　）前的拆除。

  A. 维修　　　　　　　　　B. 加固

  C. 二次装修　　　　　　　D. 验收

4. 拆除工程按拆除的程度不同，分为（　　　）两类。

A. 部分拆除　　　　　　　　B. 机械拆除

C. 全部拆除　　　　　　　　D. 毁坏性拆除

【判断题】

1.（　　　）地产商完成竣工验收等相关手续交付使用后，业主根据自身需要对房屋再次建设装饰装修称为修缮工程。

2.（　　　）不同的拆除工程进行编码列项需要的工程量计算规范是一样的。

3.（　　　）对于只拆面层的项目，在项目特征中不必描述基层类型。

4.（　　　）房屋建筑工程的项目拆除，需按《房屋建筑与装饰工程工程量计算规范》相应项目编码列项。

5.（　　　）建筑拆除工程必须由具备爆破或拆除专业承包资质的单位施工，严禁将工程非法转包。

6.（　　　）拆除工程签订施工合同时，应签订安全生产管理协议。

7.（　　　）拆除施工采用的脚手架、安全网，必须由专业人员按设计方案搭设，在人员验收合格后方可使用。

8.（　　　）抹灰面拆除的工作内容为拆除和控制扬尘两项内容。

9.（　　　）在恶劣的气候条件下，严禁进行拆除作业。

【计算题】

依据项目一某酒店标间建筑施工图纸，编制房型一的顶棚、客房地面的拆除工程的工程量清单，见表1-73。

拆除工程量清单　　　　　　　　　　　　　　　　表1-73

序号	项目编码	项目名称	项目特征	计量单位	工程数量
1		D-1			
2		D-2			
3		P-1			
4		P-2（玄关处）			

1.8.6　活动评价

教学活动的评价内容与标准，见表1–74。

教学评价内容与标准　　　　　　　　　　　表1–74

评价内容	指标	项目	评价标准	个人评价	小组评价	教师评价	综合评价
专业能力评价	知识技能	对二次装修和修缮工程概念的理解					
		对拆除工程工程量清单计价规则的理解					
		对拆除工程工程量清单案例的了解					
		对拆除工程计价方法的了解					
社会能力评价	情感态度	出勤、纪律					
		态度					
	参与合作	互动交流					
		协作精神					
	语言知识技能	口语表达					
		语言组织					
方法能力评价	方法能力	学习能力					
		收集和处理信息					
		创新精神					
	评价合计						

注：评分标准可按5分制、百分制、五级制等形式，教师可根据具体情况实施。

1.8.7　知识链接

1. 工程量清单的原文

2. 拆除工程管理

3. 拆除工程的安全技术

4. 实践活动答案

1–32

任务 9 建筑面积的计算

1.9.1 情景描述

【教学活动场景】

> 教学活动需要提供酒店标间装饰工程的建筑结构施工原图、《建筑工程建筑面积计算规范》GB/T 50353−2013、《房屋建筑与装饰工程计量规范》GB 50854−2013；学生准备好 16 开的硬皮本、铅笔、多功能计算器、橡皮、直尺、签字笔等工具。

【学习目标】

能够识读建筑、结构施工图纸，解决建筑平面中各构成部位的名称、功能、相互轴线关系掌握层高、净高及各种与建筑面积计算有关的高差关系；掌握特殊部位、特殊构造及建筑利用空间的尺寸数据取值与判别；理解建筑面积的基本概念及其作用；掌握建筑面积的计算规则；学会计算建筑面积以及与建筑装饰工程计量与计价相关的建筑面积的计算。

【关键概念】

建筑面积。

【学习成果】

学会计算建筑面积。

1.9.2 任务实施

【复习巩固】

1. 什么是拆除工程？

【解释】拆除工程是指对已经建成或部分建成的建（构）筑物，建筑装饰面以及构配件进行拆除的工程。

2.计价规范中的拆除工程共有多少节？多少个项目？

【解释】计价规范中的拆除工程共有 15 节，37 个项目。

【引入新课】

任务 9 之前学习的建筑装饰工程计量与计价主要依据的是建筑装饰施工图纸。进行建筑面积计算则必须能够正确识读建筑和结构施工图纸，这是准确计算建筑面积以及利用建筑面积进行建筑装饰工程计量与计价的前提。

1.识读图纸

（1）建筑、结构施工图纸构成

为能够计算建筑面积，需利用建筑施工图中的建筑平面图、立面图、剖面图和节点详图；结构施工图中采用平法表示的结构平面布置图以及局部结构构造详图。

（2）读图内容

◆ 识读建筑、结构施工图

A. 从建筑平面中分清各构成部位的名称、功能、相互轴线关系，尤其关注外围轴线与外墙皮的关系。

B. 注意建筑立面图、剖面图和结构平面布置图中建筑层高、结构标高、结构净高及相互高差关系，注意建筑物整个高度范围内各层的外轴线与外墙皮是否有变化。

C. 查阅建筑、结构节点施工详图，关注特殊部位、特殊构造及建筑利用空间的尺寸数据。

D. 请同学们阅读某酒店第二十九层建筑、结构施工图，查找：

① Ⓐ、Ⓙ、①、⑦轴线到外墙皮的尺寸，并且关注外墙皮在整个轴线范围内是否平齐贯通；

② 主控轴线范围内的特殊功能部位，如电梯井、管道井、天井及局部夹层等。

③主控轴线范围之外的特殊功能部位或构造，如阳台、附墙管道井、烟囱、飘窗等。

◆ 确定计算项目

A. 由外围主控轴线加上到外墙皮的尺寸确定主体基本面积；

B. 计算天井面积；

C. 计算外挑阳台面积；

D. 判断凸（飘）窗是否计算建筑面积。

2. 计算建筑面积

（1）计算建筑面积的依据

◆ 建筑、结构施工图；

◆ 《建筑工程建筑面积计算规范》GB/T 50353–2013；

◆ 本任务 9.3 学习支持的内容。

（2）建筑面积的计算

◆ 确定主体基本面积。

以外围主控轴线间的距离加上到外墙外边的尺寸计算主体基本面积。

◆ 扣减在主体基本面积内不予计算或不应重复计算的面积。

本例的天井就属于不应重复计算的面积，因天井不论高度如何均应按一层计算面积，在建筑首层内已计算，在二层及以上各层均不得重复计算。

◆ 计算基本面积范围之外需增加计算的面积。

本例的外墙之外的阳台、外附管道井应增加计算建筑面积。

凸（飘）窗应从窗台与室内楼面的高差和飘窗结构本身净高两个指标来判断其是否应计算建筑面积。

1.9.3 学习支持

【相关知识】

建筑面积的概念及其作用；

计算建筑面积的规则与方法；

不计算建筑面积的规则与方法。

1. 建筑面积的概念及其作用

（1）建筑面积的概念

◆ 建筑面积是指建筑物（包括墙体）所形成的楼地面面积，是以平方米为单位计算出的建筑物各自然层面积的总和。包括建筑物中的使用面积、辅助面积和结构面积，即

1–33

$$建筑面积 = 使用面积 + 辅助面积 + 结构面积 \qquad (1\text{-}9)$$

A. 使用面积是指建筑物各层平面布置中可直接为人们生活、工作和生产使用的净面积的总和。

B. 辅助面积是指建筑物各层平面布置中为辅助生产、生活和工作所占的净面积（如建筑物内的设备管道层、储藏室、水箱间、垃圾道、通风道、室内烟囱、阳台、大厅等）及交通面积（如楼梯间、通道、走道、回廊、电梯井等所占的净面积）。

在实际工作中也提到有效面积的概念，"有效面积"是指使用面积与辅助面积的总和，即

$$有效面积 = 使用面积 + 辅助面积 \qquad (1\text{-}10)$$

C. 结构面积是指建筑物各层平面布置中的内外墙、柱体等结构所占面积的总和（不含装饰抹灰厚度所占面积）。

（2）建筑面积的作用

建筑面积是一个国家工、农业生产发展情况及人民生活居住的改善和文化福利设施发展程度的标志。目前统计和发布房屋建筑完成情况，也用到建筑面积和各种实物工程量指标来表示，其中建筑面积是控制投资规模及考核建设计划执行情况的重要依据。

◆ 建筑面积是评价设计方案及确定建设规模的重要指标。

建筑面积与使用面积、辅助面积、结构面积之间的比例关系，是设计人员和业主所关心的指标，是评价设计方案的重要数据。同时建筑面积也是确定建设规模的重要指标，是计算容积率（土地利用系数）的基础。建筑面积与占地面积之比称容积率（或土地利用系数），容积率是建设规划和

建筑设计的重要控制指标。为了正确计算容积率，就必须有统一的建筑面积计算规则。

土地利用系数、有效面积系数、居住面积系数、单方造价等也与建筑面积密切相关，是评价设计方案的重要依据。

◆ 建筑面积是确定各项技术经济指标的基础。

建筑面积是控制固定资产投资规模，平衡建筑工程所需人、财、物的重要的计划指标。建筑面积的完成情况是考核建设计划执行情况的重要依据。统计和发布房屋建筑完成情况，评价固定资产投资规模，除用投资额和建筑安装工程工作量货币指标表示外，还用建筑面积和各种实物工程量指标表示。

◆ 建筑面积是计算有关分项工程量和编制工程造价文件的基础和依据。

建筑面积是计算某些分项工程量的基础。如计算出建筑面积之后，就可利用这个基数，方便计算出平整场地、钻探及回填孔、楼地面及垫层、室内回填土、天棚、满堂脚手架的工程量。

建筑面积也是编制一些造价文件的基础性依据，如编制设计概算，若采用每百平方米建筑面积的概算指标进行，则需要首先计算出拟建工程的建筑面积。利用定额编制预算或清单组价，为了简化预算的编制和某些费用的计算，定额也采用了以建筑面积为计算基础的计价标准。

◆ 建筑面积是对建筑物进行经济评价的依据。

有了建筑面积，才有可能计算单位建筑面积的技术经济指标，才能以此评价设计方案和施工的经济效益及管理水平。其常用的技术经济指标如下：

A. 单方造价是指单位（项）工程每平方米建筑面积的（预算）造价，简称单方造价（元 /m²）。即

$$单方造价（元 /m^2）= \frac{工程总（预算）造价（元）}{总建筑面积（m^2）} \tag{1-11}$$

B. 单方用工量是指单位（项）工程每平方米建筑面积的耗用工日数，简称单方用工（工日 /m²）。即

$$单方用工（工日 /m^2）= \frac{工程总耗工日数（工日）}{总建筑面积（m^2）} \tag{1-12}$$

C. 单方用料量是指某种材料的单方用料量，如单方用钢量、单方水泥耗用量等。

$$单方用料（材料数量单位/m^2）= \frac{工程某建材总耗量}{总建筑面积（m^2）} \qquad (1-13)$$

◆ 建筑面积是施工企业进行施工组织管理、企业内部经济核算、投标报价等的重要依据。

建筑面积对于施工企业实行内部承包与核算、投标报价、编制施工组织设计、配备施工力量及物资供应等方面，均有实用价值。

由此可见，建筑面积不仅为编制概、预算，拨款与贷款提供指标，还在合理进行平面布局，评价设计水平，降低工程造价，提高投资经济效益等方面起到重要的作用。由此可以看出，作为工程造价从业人员，必须熟练掌握国家主管部门规定的建筑面积计算规则。

2. 计算建筑面积的规则与方法

（1）单层建筑

◆ 单层建筑物的建筑面积，应按其地面结构标高处外墙结构外围水平面积计算。并应符合下列规定：

A. 单层建筑物结构层高在 2.20m 及以上的，应计算全面积；

结构层高在 2.20m 以下的，应计算全面积的 1/2。

建筑面积的计算是以地面结构标高处外墙结构外边线计算，当外墙结构本身在一个层高范围内不等厚时，以楼地面结构标高处的外围水平面积计算；

此外，建筑物外墙上的装饰面层，突出墙外的构、配件以及附墙柱垛等均不计算建筑面积。

单层建筑物应按不同的结构层高确定其面积。

结构层高指室内地面结构层上表面至屋面板结构层上表面之间的垂直距离。

遇有以屋面板找坡的平屋顶单层建筑物时，其屋面板结构层上表面系指屋面板最低处板面结构层。

注意：不是以建筑标高计算，是以室内地面（结构层）标高至屋面板板面结构标高计算。

单层建筑不论其形式如何，均应按其地面结构标高处外墙结构外围水平面积计算建筑面积。如图 1–25 所示的单层建筑，设其结构层高为 H，则其建筑面积 S 计算如下：

$$H \geqslant 2.20\text{m 时} \qquad S=L \times B \qquad (1\text{-}14)$$

$$H < 2.20\text{m 时} \qquad S=L \times B/2 \qquad (1\text{-}15)$$

B. 利用坡屋顶内空间时，结构净高在 2.10m 及以上的部位应计算全面积；结构净高在 1.20m 及以上至 2.10m 以下的部位应计算 1/2 面积；结构净高在 1.20m 以下的部位不应计算建筑面积。

当利用坡屋顶内空间时，坡屋顶单层建筑物除了按地面结构标高处外墙结构外边线水平面积计算其建筑面积外，还应按顶板下表面至楼面结构层的不同净高分别计算其建筑面积。

利用坡屋顶内空间是指在坡屋顶下加阁楼或加层。

净高指坡屋顶顶板下表面至楼面结构层的垂直距离。

为了便于准确理解，以图 1–26 说明利用坡屋顶内空间时，建筑面积的计算界限和方法。

图 1–26 中 h_1 为坡屋顶可利用空间净高等于 1.20m 的起始位置，h_2 为净高等于 2.10m 的起始位置，通过 h_1 和 h_2 划分出坡屋顶可利用空间的各部分建筑面积计算的界限，从而依据计算规则确定出坡屋顶加设阁楼或加层的建筑面积；

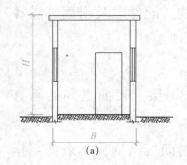 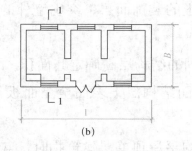 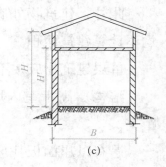

图 1–25 单层建筑物示意

（a）1-1 剖面图；（b）平面图；（c）坡屋顶 1-1 剖面图

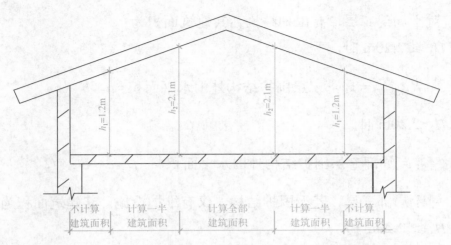

图1-26 坡屋顶下加设阁楼或加层时建筑面积计算示意

同时阁楼下的建筑面积（即图1-25c中H'范围）应根据H'的高度确定和计算其建筑面积；上下两部分相加，即可得到利用坡屋顶内空间时单层建筑物总的建筑面积。

◆ 单层建筑物内设有局部楼层者，局部楼层的二层及以上楼层，有围护结构的应按其围护结构外围水平面积计算；

无围护结构但有维护设施（如栏杆、栏板等）的应按其结构底板水平面积计算，且结构层高在2.20m及以上的，应计算全面积，结构层高在2.20m以下的，应计算1/2面积。

计算单层厂房、剧场、礼堂等建筑面积时，若其单层建筑物内带有部分楼层时，如图1-27所示，则只能增加计算二层及以上楼层的建筑面积，底层不能重复计算。

二层及以上楼层部分，应根据其是否有围护结构，再结合其结构层高决定如何计算其建筑面积。

对于如图1-27带有部分楼层的单层建筑物的总建筑面积为：

$$S_{总} = （底层建筑面积）+（二层及以上局部楼层建筑面积）$$

(1-16)

$$= S_{底} + S_{局部二层} + S_{局部三层}$$

其中$S_{底}$按公式（1-14）和（1-15）确定。

局部楼层的二层及三层的建筑面积分别按如下方法确定：

1）对于局部二层，有围护结构，其建筑面积为：

当 $H_2 \geqslant 2.20\text{m}$ 时

$$S_{\text{局部二层}} = 局部二层围护结构外围水平面积 = a \times b \qquad (1\text{-}17)$$

当 $H_2 < 2.20\text{m}$ 时

$$S_{\text{局部二层}} = 局部二层围护结构外围水平面积 \times 1/2 = a \times b \times 1/2 \qquad (1\text{-}18)$$

2）对于局部三层，若无围护结构，仅有维护设施，其建筑面积为：

当 $H_3 \geqslant 2.20\text{m}$ 时

$$S_{\text{局部三层}} = 局部三层结构底板水平面积 = a \times b_1 \qquad (1\text{-}19)$$

当 $H_3 < 2.20\text{m}$ 时

$$S_{\text{局部三层}} = 局部三层结构底板水平面积 \times 1/2 = a \times b_1 \times 1/2 \qquad (1\text{-}20)$$

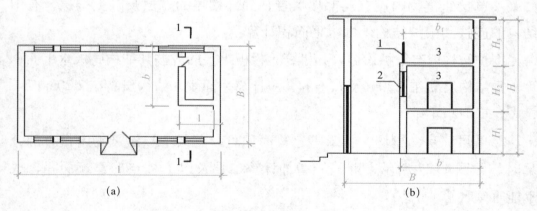

图 1-27 有局部楼层的单层建筑物（一）

(a) 平面图；(b) 1-1 剖面图

1—围护设施；2—围护结构；3—局部楼层

【例 1-2】有局部楼层的单层建筑物（图 1-28），请计算其建筑面积。

【解】计算结果：87.31m²

由于 $H=6.3\text{m} \geqslant 2.2\text{m}$，$H_2=3.0\text{m} \geqslant 2.2\text{m}$，所以：

建筑面积 $S = (3.0+6.0+3.0+0.24) \times (5.4+0.24) + (3.0+0.24) \times (5.4+0.24)$

$= 87.31\text{m}^2$

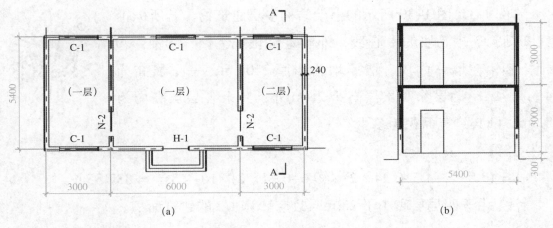

图 1-28 有局部楼层的单层建筑物（二）
(a) 平面图；(b) A-A 剖面图

（2）多层建筑

◆ 多层建筑物的建筑面积应按各自然层其外墙结构外围水平面积之和计算。层高在 2.20m 及以上者应计算全面积；层高不足 2.20m 者应计算 1/2 面积。

例如图 1-29 中有四个自然层（自然层是指按楼板、地板结构分层的楼层），应将其四层的水平面积累加到一起作为此房屋的总建筑面积。

计算时应注意外墙外边线是否一致，当外墙外边线不一致时，这时就应该分开计算水平面积。图 1-29 中，一、二层为 370 墙，三、四层为 240 墙，且外墙内齐外不齐，因此，一、二层建筑面积必然与三、四层建筑面积不同。

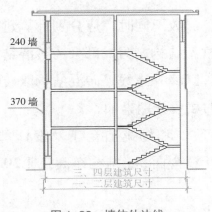

图 1-29 墙体外边线

【例 1-3】图 1-30 所示的框架结构多层建筑物，若所标轴线②轴、③轴为墙的中心线，外墙定位轴线①轴、④轴、Ⓐ轴、Ⓑ轴在墙体内皮，墙厚均为墙厚 240mm，一层层高为 4.5m，二～七层除四层层高为 2.1m 外，其余各层层高均为 3.0m，则其建筑面积为多少？

1-34

【解】

$S = (3.9 \times 2 + 4.5 + 0.24 \times 2) \times (9.6 + 0.24 \times 2) \times (6 + 0.5^{注}) = 837.35 m^2$。

注：由于四层层高小于 2.2m，故应计算 1/2 的建筑面积。

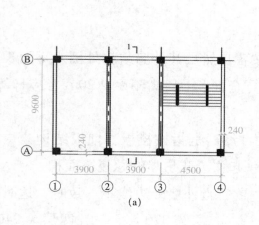

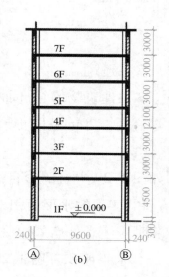

图 1-30 多层建筑物

(a) 平面图；(b) 1-1 剖面图

同一建筑物如结构、层数不同时，应分别计算建筑面积。这是指在同一建筑物中，若一部分为框架结构，另一部分为砖混结构者，应分别按框架结构以柱外边线，有墙时，以墙外边线，砖混结构以砖混结构的墙外边线分开计算面积，然后按各自的层数分别累加。

◆ 多层建筑坡屋顶内和场馆看台下，设计加以利用时结构净高在 2.10m 及以上的部位应计算全面积；结构净高在 1.20m 及以上至 2.10m 以下的部位应计算 1/2 面积；

当设计不利用或者结构净高在 1.20m 以下的部位不应计算建筑面积。

多层建筑物坡屋顶内空间，设计加以利用时，其建筑面积的计算方法与单层建筑相同。

场馆看台下空间，设计加以利用时，其建筑面积 S 应根据其利用高度（结构净高）进行计算。

场馆看台的建筑面积计算原理，如图 1-31 所示，其中 H_3 为看台内净高不小于 1.20m 的起始位置；H_2 为看台内净高不小于 2.10m 的起始位置；H_1 为看台内最大净高。

如果场馆看台下空间设计不加以利用，则不计算其建筑面积。

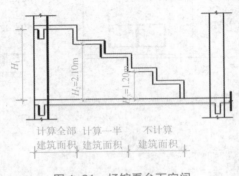

图 1-31　场馆看台下空间

（3）建筑物建筑面积具体计算规则

◆　地下室、半地下室应按其结构外围（外墙上口）水平面积计算。结构层高在 2.20m 及以上的，应计算全面积；结构层高在 2.20m 以下的，应计算全面积的 1/2。

地下室系指室内地平面低于设计室外地平面的高度超过室内净高的 1/2 的房间。

半地下室系指室内地平面低于设计室外地平面的高度超过室内净高的 1/3，且不超过 1/2 的房间。地下室、半地下室应以其外墙上口外边线所围水平面积计算。

注意：有时上一层建筑外墙与地下室墙的中心线不一定完全重叠，墙厚也不一定一样。新的建筑面积计算规范是按地下室部分结构外围水平面积计算。对于出入口坡道和采光井应区分不同情况，另行分别计算。

A. 出入口外墙外侧坡道有顶盖的部位，应按其外墙结构外围水平面积的 1/2 计算面积。

出入口坡道分有顶盖出入口坡道和无顶盖出入口坡道，顶盖以设计图纸为准，对后增加及建设单位自行增加的顶盖等，不计算建筑面积。

无顶盖的出入口不计算建筑面积。顶盖不分材料种类（如钢筋混凝土顶盖、彩钢板顶盖、阳光板顶盖等）。地下室出入口，如图 1-32 所示。

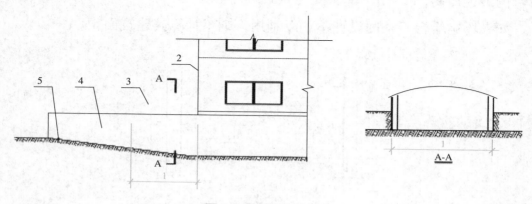

图 1-32　地下室出入口
1—计算 1/2 投影面积部分；2—主体建筑；3—出入口顶盖；4—封闭出入口侧墙；5—出入口坡道

B. 有顶盖的采光井应按一层计算面积，且结构净高在 2.10m 及以上的，应计算全面积；结构净高在 2.10m 以下的，应计算 1/2 面积。无顶盖的采光井不计算建筑面积。地下室采光井，如图 1-33 所示。

◆　建于坡地的建筑物吊脚架空层、深基础架空层（图 1-34），设计加以利用并有围护结构的，按其围护结构外围水平面积计算；

设计加以利用无围护结构的，按其顶板水平投影计算建筑面积。结构层高

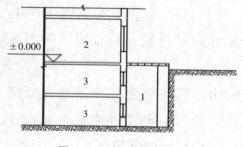

图 1-33　地下室采光井
1—采光井；2—室内；3—地下室

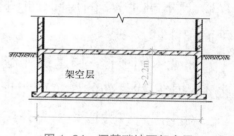

图 1-34　深基础地下架空层

在 2.20m 及以上的，应计算全面积；结构层高在 2.20m 以下的，应计算 1/2 面积。

设计不利用的深基础架空层、坡地吊脚架空层、多层建筑坡屋顶内、场馆看台下等的空间不应计算面积。

架空层系指建筑物深基础或坡地建筑吊脚架空部位不回填土石方形成的建筑空间。

坡地吊脚架空层一般是指沿山坡、丘陵、河坡建造建筑物，为了少开挖土石方，采用打桩或筑柱的方法来支撑建筑物底层板的一种结构。如图 1-35 所示。

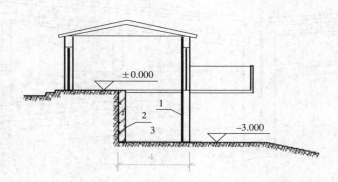

图 1-35　建筑吊脚架空层
1—柱；2—墙；3—吊脚架空层；4—计算建筑面积部位

有些室外阶梯教室、文体场馆的看台等处亦可形成类似吊脚的结构。

◆　建筑物的门厅、大厅按一层计算建筑面积。门厅、大厅内设有走廊时，应按其结构底板水平投影面积计算建筑面积。结构层高在 2.20m 及以上的，应计算全面积；结构层高在 2.20m 以下的，应计算 1/2 面积。

门厅是指公共建筑物的大门至内部房间、大厅或通道等的连接空间或厅室。大厅是指人群聚会活动、散步或招待宾客所用的场所，根据其使用功能有不同名称，如会客厅、餐厅、展览厅、舞厅等。计算通道、门厅、大厅时应注意：

A. 如果是单层建筑物，其内部的门厅、大厅均已含在整个单层建筑物的建筑面积内，无须另行计算。

B. 若是多层楼建筑，门厅、大厅的建筑面积只能按一层计算，其他部分的楼层均应按自然层计算建筑面积。

因功能需要，门厅、大厅的内空高度常高于首层楼层层高，当门厅、大厅上方的二层建筑的结构层高在 2.20m 及以上者计算全面积；

结构层高小于 2.20m 者计算 1/2 面积。一般情况下，门厅、大厅的建筑面积已包含在首层建筑面积之内，无须单独计算。

C. 门厅、大厅的回廊如图 1-36、图 1-37 所示，是指沿厅周边布置的环形走廊，其每层回廊的水平投影面积应按回廊结构层的边线尺寸计算建筑面积。回廊层高在 2.20m 及以上者计算全面积；层高小于 2.20m 者计算 1/2 面积。

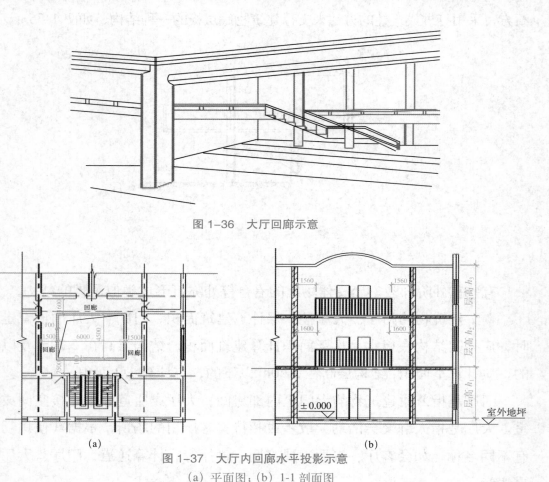

图 1-36　大厅回廊示意

图 1-37　大厅内回廊水平投影示意
(a) 平面图；(b) 1-1 剖面图

D. 门厅、大厅应与通道相区别。穿过建筑物的通道如图 1-38 所示，是指穿过房屋供车辆、行人通过的专用交通跨间。建筑物通道不计算建筑面积。

由于通道比较高，其上方的二层建筑的结构层高在 2.20m 及以上者计算全面积；结构层高小于 2.20m 者计算 1/2 面积。

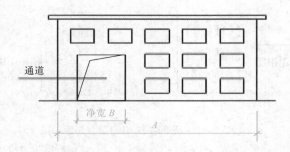

图 1-38　设有通道的建筑物立面图

◆　对于建筑物间的架空走廊，有顶盖和围护设施的，应按其围护结构外围水平面积计算全面积；无围护结构、有围护设施的，应按其结构底板水平投影面积计算 1/2 面积。

架空走廊是指建筑物与建筑物之间起交通联系作用的楼层走廊。

A. 有顶盖和围护结构的架空走廊。

如图 1-39 所示：设 B_1 为围护结构外围宽，L 为架空走廊的净长，则建筑面积 S 为：

$$S = L \times B_1 \tag{1-21}$$

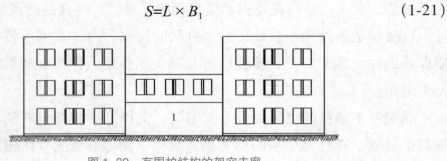

图 1-39　有围护结构的架空走廊
1—架空走廊

B. 架空走廊无围护结构，有维护设施。

如图 1-40（a）所示：有顶盖、有柱和维护设施；如图 1-40（b）所示：无顶盖也无围护结构，但有维护设施（栏板、栏杆）。这两种形式都属于无围护结构、有维护设施的架空走廊，其建筑面积均按结构底板水平投影面积计算 1/2 面积。设 B_2 为结构底板宽度，L 为架空走廊的净长，则建筑面积 S 为：

$$S = L \times B_2 \times 1/2 \tag{1-22}$$

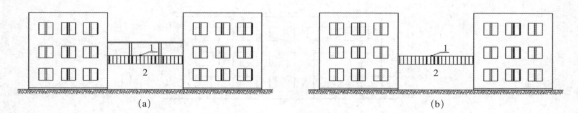

图1-40　无围护结构的架空走廊

（a）有顶盖、柱和围护设施；（b）无顶盖有围护设施

1—栏杆；2—架空走廊

◆　对于立体书库、立体仓库、立体车库，有围护结构的，应按其围护结构外围水平面积计算建筑面积；

无围护结构、有围护设施的，应按其结构底板水平投影面积计算建筑面积。

无结构层的应按一层计算，有结构层的应按其结构层面积分别计算。结构层高在2.20m及以上的，应计算全面积；结构层高在2.20m以下的，应计算1/2面积。

书库、仓库的结构层是指承受货物的承重层，往往是建筑的自然层。

自然层是指按楼板、地板结构分层的楼层。由于存书堆货受到一定高度限制，因此，常常将两层楼板间再分隔1～2层，作为书架层或货架层，以充分利用空间。

书架层不是指两层（或以上）书架，关键是书架间仍有结构层存在。若起局部分隔、存储等作用的书架层、货架层或可升降的立体钢结构停车层等均不属于结构层，故该部分分层不计算建筑面积。如图1-41所示，当H_1、H_2均不小于2.2m时，图书馆中书库的建筑面积为：

$$S=4 \times b \times c \tag{1-23}$$

若H_1、H_2中有小于2.20m的，则计算1/2面积，然后累加到图书馆书库的建筑面积。

◆　对于有围护结构的舞台灯光控制室，应按其围护结构外围水平面积计算。结构层高在2.20m及以上的，应计算全面积；结构层高在2.20m以下的，应计算1/2面积。

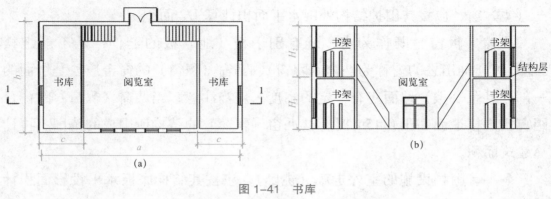

图 1-41 书库
(a) 平面图；(b) 1-1 剖面图

剧院一般将舞台灯光控制室设在舞台内侧夹层上或设在耳光室中（图1-42），它实际上是一个有墙有顶的分隔间，因此应按围护结构外围并结合层高计算建筑面积。

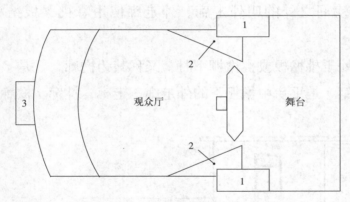

图 1-42 舞台灯光控制室示意
1—夹层；2—耳光室；3—入口

◆ 建筑物外有围护结构的落地橱窗，应按其围护结构外围水平面积计算。结构层高在 2.20m 及以上的，应计算全面积；结构层高在 2.20m 以下的，应计算 1/2 面积。

落地橱窗是指突出外墙面，根基落地的橱窗。一般指在商业建筑临街面设置的下槛落地，可落在室外地坪也可落在室内首层地板，用来展览各种样品的玻璃窗。

◆ 窗台与室内楼地面高差在 0.45m 以下且结构净高在 2.10m 及以上的

凸（飘）窗，应按其围护结构外围水平面积计算1/2面积。

凸窗（飘窗）既作为窗，就有别于楼（地）板的延伸，是不能把楼（地）板延伸出去的窗称为凸窗（飘窗）。凸窗（飘窗）的窗台应只是墙面的一部分且距（楼）地面应有一定的高度。应当注意，当凸窗（飘窗）的窗台距离室内楼地面高于0.45m时，其凸窗（飘窗）的结构所围成的范围不再计算建筑面积。

◆ 有围护设施的室外走廊（挑廊），应按其结构底板水平投影面积计算1/2面积；有围护设施（或柱）的檐廊，应按其围护设施（或柱）外围水平面积计算1/2面积。

走廊是指设在建筑物中的水平交通空间。根据设置位置不同有不同的称谓：

设在房屋内两排房间之间的叫内走廊或走道、过道；

设在一排房间之外的叫外走廊。外走廊使用悬挑梁板结构的，又称其为挑廊。

当外走廊处于挑檐板或挑檐棚下时，又称其为檐廊，它是多层楼房最顶层的挑廊或外走廊，是平房中檐棚下的外走廊。走廊、挑廊、檐廊（图1-43）。

图1-43 走廊、檐廊、挑廊

A. 有围护结构的室外走廊、挑廊，也称为封闭式走廊、挑廊，应按其围护结构外围水平投影面积计算建筑面积。

这里所述的围护结构，泛指用各种墙体（砖墙、轻质墙、玻璃幕墙等）和窗（玻璃窗或其他材质的花窗）围合封闭起来。

如图 1–44 所示为封闭式挑廊，其建筑面积为：

$$H \geqslant 2.20\text{m 时} \qquad S = a \times b \times 1/2 \qquad (1\text{-}24)$$

$$H < 2.20\text{m 时} \qquad S = a \times b \times 1/2 \qquad (1\text{-}25)$$

B. 有围护设施（或柱）的檐廊，指设置栏板、栏杆间或以柱支撑的走廊、挑廊，如图 1–45 所示，则其建筑面积 S 应按其结构底板水平尺寸 a 和 b 计算：

$$S = a \times b \times 1/2 \qquad (1\text{-}26)$$

C. 平房中檐棚下的外走廊，如图 1–46 所示。当为有围护设施（栏板、栏杆或矮墙间或以柱支撑）的檐廊时，应按其围护设施（或柱）外围水平面积计算 1/2 面积；没有围护设施（或柱）时，则不计算建筑面积。

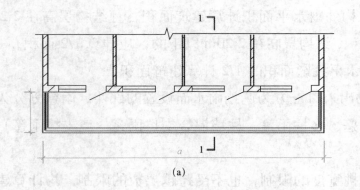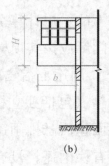

图 1–44　封闭式挑廊

(a) 平面图；(b) 1-1 剖面图

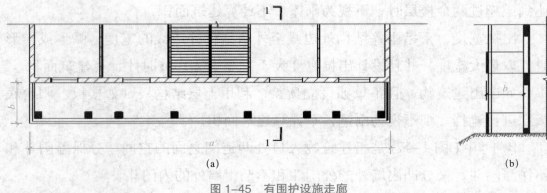

图 1–45　有围护设施走廊

(a) 平面图；(b) 1-1 剖面图

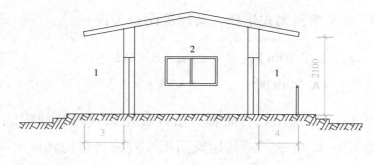

图 1-46　檐廊
1—檐廊；2—室内；3—不计算建筑面积部位；4—计算 1/2 建筑面积部位

◆　关于雨篷、门斗与门廊

有柱雨篷应按其结构板水平投影面积的 1/2 计算建筑面积；

无柱雨篷的结构外边线至外墙结构外边线的宽度在 2.10m 及以上的，应按雨篷结构板的水平投影面积的 1/2 计算建筑面积。

门斗应按其围护结构外围水平面积计算建筑面积，且结构层高在 2.20m 及以上的，应计算全面积；结构层高在 2.20m 以下的，应计算 1/2 面积。

门廊应按其顶板的水平投影面积的 1/2 计算建筑面积。

A. 雨篷是指建筑物出入口上方为遮挡雨水而设置的部件。雨篷划分为有柱雨篷（包括独立柱雨篷、多柱雨篷、柱墙混合支撑雨篷、墙支撑雨篷）和无柱雨篷（悬挑雨篷）。

有柱雨篷，没有出挑宽度的限制，也不受跨越层数的限制，均计算建筑面积。

对于无柱雨篷，其结构板不能跨层，并受出挑宽度的限制。如顶盖高度达到或超过两个楼层时，不视为雨篷，不计算建筑面积；

出挑宽度，系指雨篷结构外边线至外墙结构外边线的宽度，弧形或异形时，取最大宽度，并且设计出挑宽度大于或等于 2.10m 时才计算建筑面积。

如凸出建筑物，且不单独设立顶盖，利用上层结构板（如楼板、阳台底板）进行遮挡，则不视为雨篷，不计算建筑面积。

B. 门斗（图 1-47）是指建筑物入口处两道门之间的空间，分保温门斗和不保温门斗，又分凸出墙外的外门斗和不凸出墙外的内门斗。

内门斗建筑面积已在整体建筑物内，不需另行计算；外门斗应按凸出主墙身外的门斗围护结构的外围水平面积计算建筑面积。

C. 门廊既不同于门斗也不同于雨篷，是在建筑物出入口，无门、三面或二面有墙，上部有板（或借用上部楼板）围护的部位。门廊与门斗的主要区别是门廊不设第一道入口门，也有可能只设左右两面墙。门廊与雨篷的区别是门廊在顶板下设无门的三面或二面围护墙。

◆ 室内单独设置的有围护设施的悬挑看台，应按看台结构底板水平投影面积计算建筑面积。有顶盖无围护结构的场馆看台应按其顶盖水平投影面积的 1/2 计算面积。

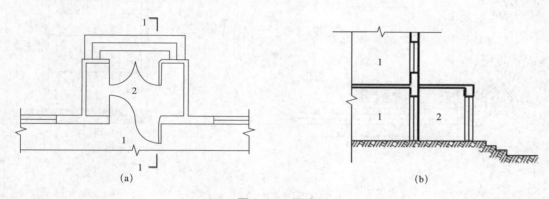

图 1-47　门斗
(a) 平面图；(b) 1-1 剖面图
1—室内；2—门斗

室内单独设置的有围护设施的悬挑看台，因其看台上部设有顶盖且可供人使用，所以按看台板的结构底板水平投影计算建筑面积。

"有顶盖无围护结构的场馆看台"所称的"场馆"为专业术语，指各种"场"类建筑。

场馆看台是指"场"如体育场、足球场、网球场、带看台的风雨操场等场边观众看台。

"馆"是指有永久性顶盖和围护结构的房间，它应按单层或多层建筑相关规定计算面积。

场馆看台分有顶盖、无顶盖，有围护、无围护。如图 1-48 所示，该场馆看台无围护结构，有永久性顶盖，设顶盖水平投影面积为 $S_{水平}$，则按上述规则，该场馆看台的建筑面积 S 为：

$$S=S_{水平} \times 1/2=B \times L \times 1/2 \qquad\qquad (1\text{-}27)$$

式中：L——顶盖中心线长度

值得注意是，不要误用看台阶梯段的水平投影面积用来计算该看台的建筑面积。无顶盖的看台，则不计算建筑面积。

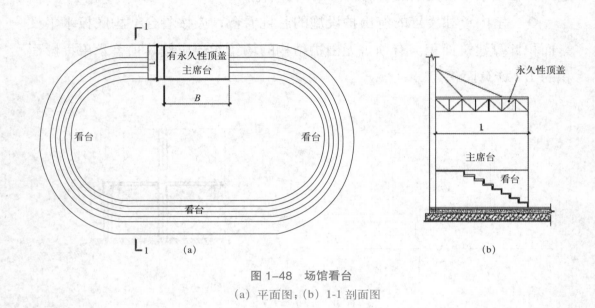

图 1-48 场馆看台
(a) 平面图；(b) 1-1 剖面图

◆ 设在建筑物顶部有围护结构的楼梯间、水箱间、电梯机房等，结构层高在 2.20m 及以上的应计算全面积；结构层高在 2.20m 以下的，应计算 1/2 面积。

这是指屋面上的小房间（图 1-49），有围护结构（有屋盖、有墙等）的，才根据其层高按其围护结构外围水平面积计算建筑面积；如图 1-49 所示屋顶建筑，因无顶盖则不计算建筑面积。

如遇建筑物屋顶的楼梯间是坡屋顶，应按坡屋顶的相关条文计算。

◆ 围护结构不垂直于水平面的楼层，应按其底板面的外墙外围水平面积计算。

结构净高在 2.10m 及以上的部位，应

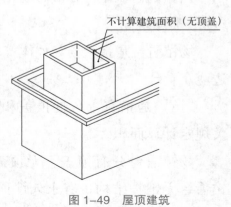

图 1-49 屋顶建筑
注：屋顶无顶盖建筑

计算全面积；

结构净高在 1.20m 及以上至 2.10m 以下的部位，应计算 1/2 面积；

结构净高在 1.20m 以下的部位，不应计算建筑面积。

目前很多建筑设计追求新、奇、特，造型越来越复杂，很多时候根本无法明确区分什么是围护结构、什么是屋顶。

因此，对于斜围护结构与斜屋顶采用相同的计算规则，即只要外壳倾斜，就按结构净高划段，分别计算建筑面积。斜围护结构如图 1-50 所示。

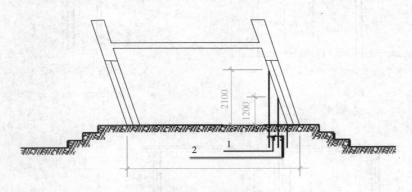

图 1-50　斜围护结构
1—计算 1/2 建筑面积部位；2—不计算建筑面积部位

◆　建筑物的室内楼梯、电梯井、提物井、管道井、通风排气竖井、烟道，应并入建筑物的自然层计算建筑面积。

有顶盖的采光井应按一层计算面积，且结构净高在 2.10m 及以上的，应计算全面积；

结构净高在 2.10m 以下的，应计算 1/2 面积。

如图 1-51、图 1-52 所示，由于建筑物内的电梯井、提物井、管道井、通风排气竖井、烟道布置在建筑物内部，其建筑面积已包含在整体建筑物的建筑面积之内，一般无需另行计算。

室内楼梯间的面积，应按楼梯依附的建筑物的自然层数计算合并在建筑物面积内。

遇跃层式建筑，其共用的室内楼梯应按自然层计算面积；

上下两错层户室共用的室内楼梯，应选上一层的自然层计算面积如图 1-53 所示。

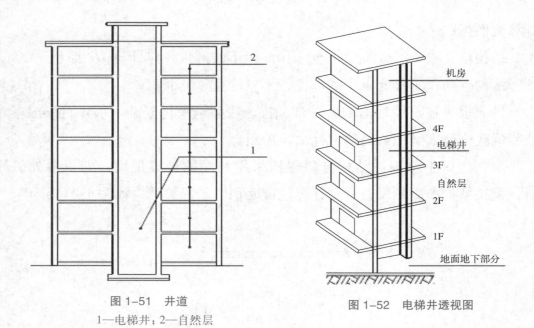

图 1-51　井道
1—电梯井；2—自然层

图 1-52　电梯井透视图

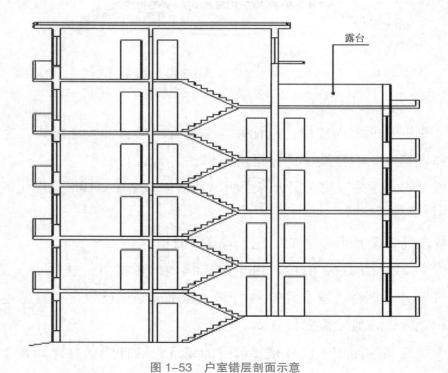

图 1-53　户室错层剖面示意

◆ 　室外楼梯应并入所依附建筑物自然层，并应按其水平投影面积的
1/2 计算建筑面积。

室外楼梯作为连接该建筑物层与层之间交通不可缺少的基本部件，无论

从其功能、还是工程计价的要求来说，均需计算建筑面积。

层数为室外楼梯所依附的楼层数，即梯段部分投影到建筑物范围的层数。

利用室外楼梯下部的建筑空间不得重复计算建筑面积；利用地势砌筑的为室外踏步，不计算建筑面积。

◆ 在主体结构内的阳台，应按其结构外围水平面积计算全面积；在主体结构外的阳台，应按其结构底板水平投影面积计算 1/2 面积。

阳台是指附设于建筑物外墙，设有栏杆或栏板，可供人活动的室外空间。

阳台按其是否封闭分为封闭式阳台和非封闭式阳台，封闭阳台是指将阳台栏板至上层阳台底板之间用玻璃窗封闭。

按其是否悬挑分为挑阳台、凹阳台和半挑半凹阳台，如图 1–54 所示。不论其形式如何，均以建筑物主体结构为界分别计算建筑面积，即凹进主体以内（如图 1–54（b）和图 1–54（c）的 $c \times b_1$ 部分）的凹阳台按其结构外围水平面积计算全面积；

在主体结构外（如图 1–54a 和图 1–54c 的 $a \times b$ 部分）的挑阳台按其结

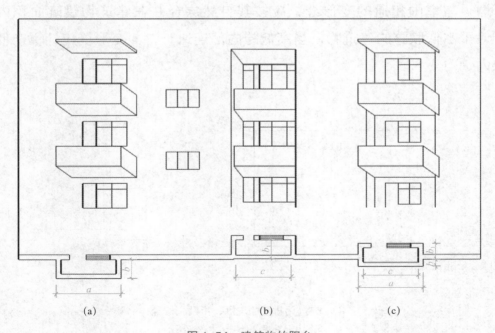

图 1–54　建筑物的阳台

（a）挑阳台；（b）全凹阳台；（c）半凹半凸阳台

构底板水平投影面积计算 1/2 面积。

设置在首层（底层）并有围护设施的平台，且其上层为同体量阳台，则该平台应视为阳台（也称为底层阳台），按上述阳台的规则计算建筑面积。

◆ 有顶盖无围护结构的车棚、货棚、站台、加油站、收费站等，应按其顶盖的水平投影面积的 1/2 计算建筑面积。

有顶盖无围护结构的车棚、货棚、站台、加油站、收费站等，不论其形式如何（不论单排柱、多排柱，有柱、无柱，柱或顶盖形式如何），均应按其顶盖水平投影面积的 1/2 计算建筑面积。

在车棚、货棚，站台、加油站、收费站内设有有围护结构的管理室、休息室等，仍按围护结构的外围水平面积并考虑结构层高计算建筑面积。

如图 1-55 所示的有两排及多排柱的车棚、货棚、站台，其建筑面积为：

$$S= 顶盖水平投影面积的一半 =a \times b \times 1/2 \qquad (1-28)$$

如图 1-56 所示的单排柱的车棚、货棚、站台等，其建筑面积为：

$$S= 顶盖水平投影面积的一半 =19.60 \times 5.70 \times 1/2 = 55.86 m^2$$

◆ 与室内相通的变形缝，应按其自然层合并在建筑物建筑面积内计算。对于高低联跨的建筑物，当高低跨内部连通时，其变形缝应计算在低跨面积内。

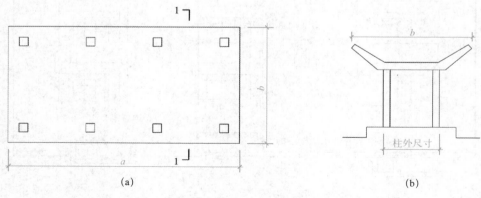

图 1-55　两排柱的车棚、货棚、站台
（a）平面图；（b）1-1 剖面图

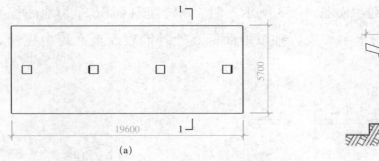
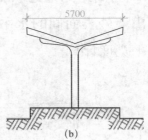

图 1-56 单排柱的车棚、货棚、站台

(a) 平面图；(b) 1-1 剖面图

与室内相通的变形缝，是指暴露在建筑物内，在建筑物内可以看得见的变形缝。

建筑物内各种伸缩缝、沉降缝、防震缝，均分层计算建筑面积，其层数按建筑物的自然层计取。计算时注意两种特殊情况。

A. 缝两侧建筑物高度相同层数不同时，取自然层数多的一侧建筑物层数为缝的层数，如图 1-57（a）所示。其建筑面积为 $A=L \times d \times n$。

B. 缝两侧建筑高度不相同时，取低的一侧层数为缝的层数。如图 1-57（c）所示。其建筑面积为 $A=L \times d \times f$。

◆ 高低联跨的建筑物，应以高跨结构外边线为界分别计算建筑面积；

其高低跨内部连通时，其变形缝应计算在低跨面积内。应该明确的是：高低联跨的单层建筑物的总建筑面积 S 仍按上述整个单层建筑物计算规则计算。当需分别计算建筑面积时：

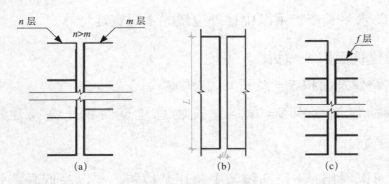

图 1-57 建筑物内的变形缝

(a) 缝两侧高度相同层数不同立面图；(b) 平面图；(c) 缝两侧高度不相同立面图

A. 当高跨为边跨（如图 1-58 所示）时：高跨建筑面积 S_1 为地面标高处两端山墙外表面间的水平长度，乘以地面标高处外墙表面至高跨中柱外边线的水平宽度计算。

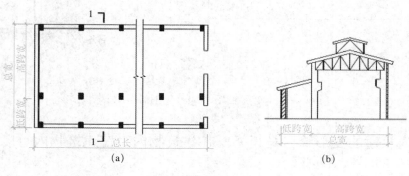

图 1-58 高低跨建筑（一）

(a) 平面图；(b) 1-1 剖面图

低跨建筑面积 S_2 为地面标高处低跨部分的外墙外边线与高跨共用柱的高跨外边线所围的水平面积或低跨建筑面积等于单层建筑物总建筑面积减去高跨建筑面积。

总建筑面积 S= 地面标高处的外墙外围水平面积 = 总长 × 总宽

$$(1-29)$$

高跨建筑面积 S_1= 总长 × 高跨宽 $\qquad\qquad (1-30)$

低跨建筑面积 S_2= 总长 × 低跨宽 或 $S_2 = S - S_1$ $\qquad (1-31)$

B. 当高跨为中跨（图 1-59）时：高跨建筑面积 S_1 为地面标高处两端山墙外表面间的水平长度，乘以中柱外边线的水平宽度计算。

总建筑面积 S= 总长 × 总宽 $\qquad\qquad (1-32)$

高跨建筑面积 S_1= 总长 × 高跨宽 $\qquad\qquad (1-33)$

低跨建筑面积 S_2= 单层建筑物总建筑面积 − 高跨建筑面积 或

$S_2 = S - S_1$ $\qquad\qquad (1-34)$

由上面可以看出：不论高跨为中跨还是边跨，均以高低联跨处高跨的柱外边线为分界线，并按单层建筑物计算规则计算各自的建筑面积。

　　另外，如果高低跨之间有变形缝，则变形缝所占面积并入低跨建筑面积计算。

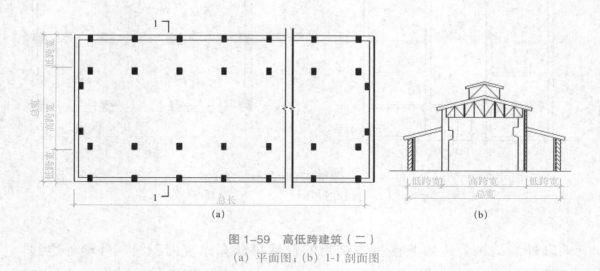

图 1–59　高低跨建筑（二）
（a）平面图；（b）1-1 剖面图

◆　以幕墙作为围护结构的建筑物，应按幕墙外边线计算建筑面积。

　　围护结构指围合建筑空间四周的墙体、门、窗等。幕墙以其在建筑物中所起的作用和功能来区分，直接作为外墙起围护作用的幕墙，按其外边线计算建筑面积。

　　设置在建筑物墙体外起装饰作用的幕墙，不计算建筑面积。

　　如图 1–60 所示，某商场二至六层中间部位采用的围护结构为局部突出的玻璃幕墙，按上述规定，其计算面积应按幕墙外边线计算建筑面积，则该商场计算面积如下：

　　第一层：$S_1 = L \times B$

　　第二层至六层：$S_{2\text{-}6} = (L \times B + \pi R h) \times 5$

　　总的计算面积：$S_{总} = S_1 + S_{2\text{-}6}$

◆　建筑物的外墙外保温层，应按其保温材料的水平截面积计算，并计入自然层建筑面积。

　　无论是单层还是多层建筑，若其外墙外侧有保温隔热层的，其保温隔热层均应计算建筑面积。

　　建筑物外无论墙外侧有保温隔热层的，保温隔热层以保温材料的净厚度

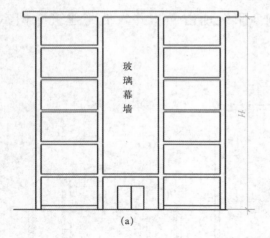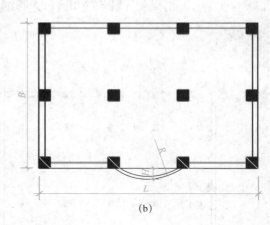

图 1-60　以幕墙作为围护结构的建筑物
(a) 平面图；(b) 二至五层平面图

乘以外墙结构外边线长度按建筑物的自然层计算建筑面积，其外墙外边线长度不扣除门窗和建筑物外已计算建筑面积的构件（如阳台、室外走廊、门斗、落地橱窗等部件）所占长度。

当建筑物外已计算建筑面积的构件（如阳台、室外走廊、门斗、落地橱窗等部件）有保温隔热层时，其保温隔热层也不再计算建筑面积。

外墙是斜面者按楼面楼板处的外墙外边线长度乘以保温材料的净厚度计算。

外墙外保温以沿高度方向满铺为准，某层外墙外保温铺设高度未达到全部高度时（不包括阳台、室外走廊、门斗、落地橱窗、雨篷、飘窗等），不计算建筑面积。

保温隔热层的建筑面积是以保温隔热材料的厚度来计算的，不包含抹灰层、防潮层、保护层（墙）的厚度。建筑外墙外保温，如图 1-61 所示。

◆　对于建筑物内的设备层、管道层、避难层等有结构层的楼层，结构层高在 2.20m 及以上的，应计算全面积；结构层高在 2.20m 以下的，应计算1/2 面积。

设备层、管道层虽然其具体功能与普通楼层不同，但在结构上及施工消耗上并无本质区别，国家标准规范《建筑工程建筑面积计算规范》GB/T 50353-2013 定义自然层为"按楼地面结构分层的楼层"。

因此，设备、管道楼层归为自然层，其计算规则与普通楼层相同。

在吊顶空间内设置管道的，则吊顶空间部分不能被视为设备层、管道层。

3. 不计算建筑面积的规定

凡属以下情况者不计算建筑面积。

（1）与建筑物内不相连通的建筑部件。指的是依附于建筑物外墙外不与户室开门连通，起装饰作用的敞开式挑台（廊）、平台，以及不与阳台相通的空调室外机搁板（箱）等设备平台部件。

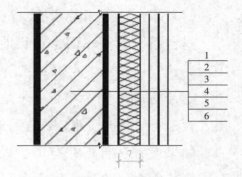

图 1-61　建筑外墙外保温
1—墙体；2—粘结胶浆；3—保温材料；
4—标准网；5—加强网；6—抹面胶浆；
7—计算建筑面积部位

（2）骑楼、过街楼底层的开放公共空间和建筑物通道。

◆　骑楼系指建筑底层沿街面后退且留出公共人行空间的建筑物（图 1-62）。

◆　过街楼系指跨越道路上空并与两边建筑相连接的建筑物（图 1-63）。

1-35

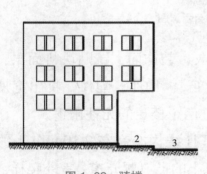

图 1-62　骑楼
1—骑楼；2—人行道；3—街道

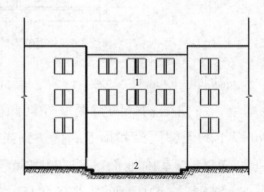

图 1-63　过街楼
1—过街楼；2—建筑物通道

（3）舞台及后台悬挂幕布和布景的天桥、挑台等。

指的是影剧院的舞台及为舞台服务的可供上人维修、悬挂幕布、布置灯光及布景等搭设的天桥和挑台等构件设施。

（4）露台、露天游泳池、花架、屋顶的水箱及装饰性结构构件。

露台系设置在屋面、首层地面或雨篷上的供人室外活动的有围护设施的平台。

露台应满足四个条件：一是位置，设置在屋面、地面或雨篷顶；二是可出入；三是有围护设施；四是无盖，这四个条件须同时满足。

如果设置在首层并有围护设施的平台，且其上层为同体量阳台，则该平台应视为阳台（也称底层阳台），按阳台的规则计算建筑面积。

（5）建筑物内的操作平台、上料平台、安装箱和罐体的平台。

建筑物内不构成结构层的操作平台、上料平台（包括：工业厂房、搅拌站和料仓等建筑中的设备操作控制平台、上料平台等），如图1-64所示。

这些都是无顶无墙的构件，其主要作用为室内构筑物或设备服务的独立上人设施，无论是钢筋混凝土的还是钢结构的，都不计算建筑面积。

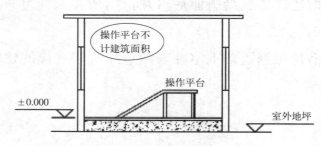

图1-64　建筑物内操作平台示意图

（6）勒脚、附墙柱、垛、台阶、墙面抹灰、装饰面、镶贴块料面层、装饰性幕墙，主体结构外的空调室外机搁板（箱）、构件、配件，挑出宽度在2.10m以下的无柱雨篷和顶盖高度达到或超过两个楼层的无柱雨篷。

（7）窗台与室内地面高差在0.45m以下且结构净高在2.10m以下的凸（飘）窗，窗台与室内地面高差在0.45m及以上的凸（飘）窗；室外爬梯、室外专用消防钢楼梯；

室外钢楼梯需要区分具体用途，如专用于消防楼梯，则不计算建筑面积；

如果是建筑物唯一通道，兼用于消防，则需要按室外楼梯相关的规定计算建筑面积。

（8）室外爬梯、室外专用消防钢楼梯。

（9）无围护结构的观光电梯。

（10）建筑物以外的地下人防通道，独立的烟囱、烟道、地沟、油（水）罐、气柜、水塔、贮油（水）池、贮仓、栈桥等构筑物。

1.9.4 学习提醒

1. 掌握计算建筑面积的基本原理

建筑面积虽然是反映建筑物所形成的楼地面平面的面积指标，但在计算建筑面积时应有建筑空间的概念。

建筑空间由竖向和水平方向两个维度来界定，同时还要考虑有无顶盖、有无围护结构或设施的不同情况。竖向高度由结构层高、室内净高或某些界面之间的高差来反映和规定；水平方向以结构外围的范围来规定。

竖向高度是控制指标，区分不同高度，看是计算全面积，还是计算 1/2 面积，还是不予计算建筑面积。水平方向是建筑面积计算的范围尺度，指水平面形成建筑面积所包围的范围。

2. 掌握计算建筑面积的注意事项

依据图纸，应用建筑面积计算规则计算建筑面积时，应注意以下事项：

（1）建筑面积计算，对于有围护结构的，往往是按墙外的外边线取定水平尺寸进行计算。而设计图纸多以轴线标注尺寸，读图时应注意看建筑平面图和剖面图中底层与标准层的外墙墙厚是否有变化，以便于准确计算。

（2）当建筑物内设有无盖天井时，应扣除天井所占面积。

（3）应注意看各层结构层高变化。其结构层高的取定是以楼面或地面结构层表面至顶板（上部）结构层上表面的垂直距离。

（4）利用建筑装饰工程的建筑、结构原图计算相应装饰楼层的建筑面积。若是整栋楼装饰、装修，则应计算单项（单位）工程的全部建筑面积。

（5）当土建和装饰工程由一个施工承包单位来统一组织实施时，建筑工程（包含装饰工程）直接利用建筑面积进行工程量清单子目列项的，一般是措施清单项目中的如下清单子目：

◆ 综合脚手架；

◆ 垂直运输费；

◆ 超高施工增加费，包括：建筑物超高人工、机械降效，高层施工用水加压水泵的安拆及台班，建筑物超高施工联络设备的使用及摊销等。

由于全国各地工程计价定额（消耗量定额）的定额子目设置不尽相同，特别是针对建筑装饰工程单独由装饰施工企业来完成时，一般都是按具体服务对象来设置措施项目的计价定额子目，与建筑面积不具备直接的关联。因此，建筑面积仅对确定建筑装饰工程平方米造价指标时起基础数据的作用。

1.9.5　实践活动

【简答题】

1. 建筑面积由哪几部分组成？建筑面积的作用有哪些？

2. 单层平屋面建筑物的建筑面积应如何计算？

【不定项选择题】

1.（　　　）样式阳台建筑面积应按其结构外围水平面积计算全面积计算？

设置在首层（底层）并有围护设施的平台，且其上层为同体量阳台，则该平台应视为阳台（也称为底层阳台），按上述阳台的规则计算建筑面积。

A. 主体结构内的阳台　　　　　B. 主体结构外的阳台

C. 底层阳台　　　　　　　　　D. 顶层阳台

2.以下不计算建筑面积的选项有（　　　　）。

A.无围护结构的观光电梯

B.与建筑物内不相连通的建筑部件

C.骑楼、过街楼底层的开放公共空间和建筑物通道

D.舞台及后台悬挂幕布和布景的天桥、挑台等

E.露台、露天游泳池、花架、屋顶的水箱及装饰性结构构件

3.建筑物的门厅、大厅在计算建筑面积时如门厅、大厅内设有回廊时，应按其结构底板水平投影面积计算建筑面积。结构层高在（　　　　）的，应计算全面积；结构层高在（　　　　）的，应计算1/2面积。

A.4.40m 及以上　　　　　　　B.2.20m 及以上

C.2.20m 以下　　　　　　　　D.4.40m 及以上

4.在计算建筑面积时，不论是单层还是多层建筑，若其外墙外侧有保温隔热层的，其保温隔热层均应（　　　　）建筑面积。

A.计算　　　　　　　　　　B.不计算

5.建筑物的变形缝，应按其自然层合并在建筑物建筑面积内计算。其层数按建筑物的自然层计取。如遇到缝两侧建筑物高度相同层数不同时，取自然层数（　　　　）的一侧建筑物层数为缝的层数。

A.多　　　　　　　　　　　　B.少

【判断题】

1.（　　　　）建筑面积是指建筑物所形成的楼地面面积，是以平方米为单位计算出的建筑物各自然层面积的总和。

2.（　　　　）单层建筑物的建筑面积，应按其地面结构标高处外墙结构外围水平面积计算，层高在 2.20m 及以上的，应计算全面积的 1/2。

3.（　　　　）有柱雨篷应按其结构板水平投影面积计算建筑面积。

4.（　　　　）保温隔热层的建筑面积是以保温隔热材料的厚度来计算的，包含抹灰层、防潮层、保护层（墙）的厚度。

5.（　　　　）建筑物外有围护结构的落地橱窗，应按其围护结构外围水平面积计算。结构层高在 2.20m 及以上的应计算 1/2 面积。

6.（　　　　）建筑物的室内楼梯、电梯井、提物井、管道井、通风排气竖井、烟道，应并入建筑物的自然层计算建筑面积。

【计算题】

利用某酒店建筑施工图完成第二十九层建筑面积的计算，见表1-75。

建筑面积计算表   表1-75

序号	项目名称	建筑面积计算式	计量单位	工程数量
1	第二十九层主体基本建筑面积（主控轴线A、J、1、7所围部分）		m²	
2	扣天井面积		m²	
	（1）A轴旁天井		m²	
	（2）E轴旁天井		m²	
	（3）J轴旁天井		m²	
3	阳台面积（A轴外、J轴外各两个，长1.8m；宽0.7m）		m²	
4	本例飘窗不予计算建筑面积的说明	假设A轴的两樘TC1719，J轴的两樘TC1519和两樘TC2219为飘窗，窗台高度为0.42m		
	第二十九层建筑面积合计	1～3项合计	m²	

注：计算建筑面积本应以建筑结构施工图为准。本教材所提供的"某酒店二十九层平面图"系为装饰施工图，看不清相应的建筑结构构造。为能够正确计算建筑面积，特在此装饰施工图基础上作如下假设，并按假设内容计算相应的建筑面积。

1. ①、⑦轴外墙皮在图示的宽出段范围内与柱子外皮平齐，在两尽端的小段范围内为轴线到外墙皮为120mm；

2. A、J轴在全轴线范围内离外墙皮无凹凸部位，到外墙皮尺寸均为120mm；

3. 天井按图示净空范围（不规则所示范围）计算扣除面积；

4. A、J轴外1800×700的平面示意（共四处），由于其与室内通过门来联系，假定其为封闭式的悬挑阳台，其余外侧凸出平面示意假定为飘窗。

1.9.6　活动评价

教学活动的评价内容与标准，见表1-76。

教学评价内容与标准　　　　　　　　表 1-76

评价内容	指标	项目	评价标准	个人评价	小组评价	教师评价	综合评价
专业能力评价	知识技能	建筑结构施工图识读步骤					
		各功能部位、部件施工图纸识读					
		特殊部位建筑面积计算掌握情况					
		实践活动完成情况					
社会能力评价	情感态度	出勤、纪律					
		态度					
	参与合作	互动交流					
		协作精神					
	语言知识技能	口语表达					
		语言组织					
方法能力评价	方法能力	学习能力					
		收集和处理信息					
		创新精神					
评价合计							

注：评价标准可按 5 分制、百分制、五级制等形式，教师可根据具体情况实施。

1.9.7　知识链接

1.《建筑工程建筑面积计算规范》GB/T 50353-2013 简介

2. 实践活动答案

1-36

项目二
银行营业大厅装饰工程计量与计价

【项目概述】

　　通过某银行营业大厅这个较为复杂的装饰工程项目计量与计价的学习，让学生对这套建筑装饰施工图中的行长办公室和卫生间等工程计量与计价的练习，强化学生对建筑装饰工程施工图的识读，强化学生对建筑装饰工程工程量清单的编制，强化学生工料分析方法以及直接工程费计算方法的掌握，使学生掌握措施项目的计量方法，掌握建筑装饰工程的计价方法。

任务 1　门窗工程的计量与计价

2.1.1　情景描述

【教学活动场景】

　　教学活动可以在工程造价实训室进行，需要提供某银行营业大厅装饰工程施工图纸、《建设工程工程量清单计价规范》GB 50500−2013、《房屋建筑与装饰工程工程量计算规范》GB 50854−2013、当地使用的《建筑装饰工程消耗量定额》《建筑装饰工程价目表》等资料；学生准备好 16 开的硬皮本、自动铅笔、多功能计算器、橡皮、直尺、签字笔等工具。

【学习目标】

掌握复杂建筑装饰施工图的识读；掌握复杂建筑装饰工程项目的门窗工程量清单的编制、工料分析及直接工程费的计算。

【学习成果】

编制门窗工程量清单、工料分析表、直接工程费表。

2.1.2　任务实施

【复习巩固】

1. 编制工程量清单需要依据什么资料？

【解释】编制工程量清单应依据：

◆　《房屋建筑与装饰工程工程量计算规则》GB 50854–2013 和现行国家标准《计算工程工程量清单计价规范》GB 50500–2013。

◆　国家或省级、行业建设主管部门颁发的计价依据和办法。

◆　建设工程设计文件。

◆　与建设工程项目有关的标准、规范、技术资料。

◆　拟定的招标文件。

◆　施工现场情况、工程特点及常规施工方案。

◆　其他相关资料。

2. 编制一项分部分项工程的工料分析的步骤是什么？

【解释】工料分析的具体步骤是：

◆　选定定额子目；

◆　查找人工定额消耗量，计算该分部分项工程的人工消耗量；

◆　查找材料定额消耗量，计算该分部分项工程中涉及的材料消耗量；

◆　查找机械定额消耗量，计算该分部分项工程中涉及的机械消耗量。

【引入新课】

> 　　我们在项目一中，已经学会门窗工程量清单的编制，同时学习了工料分析和工程直接费的计算。项目一使用的建筑装饰施工图纸较为简单，从项目二开始，将运用较为复杂的装饰施工图纸进行计量与计价。要以同学们自己进行练习为主，编写较为复杂的建筑装饰工程项目的计量与计价。

1. 识读图纸

（1）建筑装饰施工图纸构成

查找某银行装饰设计图号 ML-01，图纸目录。

阅读首页图纸目录，整套图纸由说明目录、平面部分和立面部分组成。其中说明目录包含 3 张图纸，图号分别为（填空）_____；平面部分包含 6 张图纸，图号分别为（填空）_____；立面部分包含 4 张图纸，图号分别为（填空），共有 13 张图纸。

（2）读图内容

◆　查找相应图例

A. 请同学们查找图号为 P-06 的图纸，门号及立面索引图。

B. 请同学们在图中查找 M1 ~ M10 在平面图中的位置。

◆　确定计算项目

将门代号、名称、尺寸及数量填入表 2-1 中。

计算项目表　　　　　　　　　　　　　　　　　　　表 2-1

序号	代号	名　称	尺寸（宽mm）×（高mm）	数量（樘）	备注

续表

序号	代号	名　称	尺寸（宽mm）×（高mm）	数量（樘）	备注

2. 工程量清单编制

工程量清单，见表2-2。

工程量清单　　　　　　　　　　　　　表2-2

某银行装饰工程　　　　　　　　　　　　　第1页　共　　页

序号	项目编码	项目名称	项目特征	计量单位	工程数量
1	010805001001	电动感应门	1. M1，洞口尺寸1600mm（宽）×2500mm（高） 2. 铝合金材质 3. 普通平板玻璃，厚5mm 4. 启动装置 5. 电子配件	m²	4.00（1樘）
2	010805005001	按钮自动门	1. M2，洞口尺寸900mm（宽）×2500mm（高） 2. 铝合金材质 3. 普通平板玻璃，厚5mm	m²	11.25
3	010802004001	防盗门	1. M3，洞口尺寸1000mm（宽）×2100mm（高） 2. 铝合金材质 3. 普通平板玻璃，厚5mm	m²	4.20

2-1

3. 工料分析实例

（1）电动感应门的工料分析，见表2-3。

工料分析表   表 2-3

工程名称：某银行装饰工程   第 1 页   共   页

子目名称		电子感应自动门（玻璃门）	计量单位	樘	定额量	1
定额编号		10-987				
	名称	单位	定额用量	合计用量		备注
人工	综合工日	工日	12.200	12.200		
材料	玻璃胶	kg	2.450	2.450		
	电子感应自动门	樘	1.000	1.000		
	其他材料费（占材料费%）	%	0.100	0.100		

（2）防盗门的工料分析，见表 2-4。

工料分析表   表 2-4

工程名称：某银行装饰工程   第 1 页   共   页

子目名称		三防门	计量单位	100m²	定额量	0.042
定额编号		10-969				
	名称	单位	定额用量	合计用量		备注
人工	综合工日	工日	38.000	1.596		
材料	三防门	m²	100.000	4.200		
机械	电锤（小功率）520W	台班	4.110	0.173		

2-2

4. 定额基价计算实例

（1）电动感应门定额基价的计算，见表 2-5。

定额基价计算表   表 2-5

工程名称：某银行装饰工程   第 1 页   共   页

子目名称		电子感应自动门（玻璃门）		计量单位	樘
定额编号		10-987			
定额基价		15125.73			
其中：人工费（元）		1050.42			
材料费（元）		14075.31			
机械费（元）		0.00			
名称		单位	定额用量	单价	合价	备注
人工	综合工日	工日	12.200	86.10	1050.42	
材料	玻璃胶	kg	2.450	25.00	61.25	
	电子感应自动门	樘	1.000	14000.00	14000.00	
	其他材料费（占材料费%）	%	0.100		14.06	

注：定额基价计算表中的单价为信息价或市场价。

（2）防盗门定额基价的计算，见表 2-6。

定额基价计算表   表 2-6

工程名称：某银行装饰工程   第 1 页   共   页

子目名称		三防门		计量单位	100m²
定额编号		10-969			
定额基价		68310.06			
其中：人工费（元）		3271.80			
材料费（元）		65000.00			
机械费（元）		38.26			
名称		单位	定额用量	单价	合价	备注
人工	综合工日	工日	38.000	86.10	3271.80	
材料	三防门	m²	100.000	650.00	65000.00	
机械	电锤（小功率）520W	台班	4.110	9.31	38.26	

注：定额基价计算表中的单价为信息价或市场价。

5. 直接工程费计算实例

电动感应门及防盗门的直接工程费计算，见表 2-7。

直接工程费计算表 表 2-7

工程名称：某银行装饰工程

第 1 页 共 页

序号	定额编号	子目名称	工程量		价值（元）		其中（元）		
			单位	数量	基价	合价	人工费	材料费	机械费
1	10-987	电动感应门	樘	1.000	15125.73	15125.73	1050.42	14075.31	0.00
2	10-969	防盗门	100m²	0.042	68310.06	2869.02	137.41	2730.00	1.61
		合计							

2.1.3 学习提醒

【学习提醒】

1. 填写某银行全部图纸的图号情况。

（1）说明目录包含 3 张图纸，图号分别为_____；

（2）平面部分包含 6 张图纸，图号分别为_____；

（3）立面部分包含 4 张图纸，图号分别为_____。

2-3

2. 定额基价计算表中的单价的确定方式。

3. 定额编号的确定。

2.1.4 实践活动

1. 工程量清单编制

完成 M-4 和 M-6 的工程量清单的编制，见表 2-8。

工程量清单表   表 2-8

工程名称：某银行装饰工程   第 1 页   共   页

序号	项目编码	项目名称	项目特征	计量单位	工程数量
			M-4		
			M-6		

2. 工料分析

完成 M-6 的工料分析，见表 2-9。

工料分析表   表 2-9

工程名称：某银行装饰工程   第 1 页   共   页

子目名称		计量单位		定额量	
定额编号					
名称	单位	定额用量	合计用量		备注
人工	综合工日	工日			
材料					
机械					

3. 定额基价计算

完成 M-6 定额基价计算，见表 2–10。

定额基价计算表　　　　　　　　　　　　表 2–10

工程名称：某银行装饰工程　　　　　　　　　　第 1 页　共　　页

子目名称		计量单位		
定额编号				
定额基价				
其中：人工费（元）				
材料费（元）				
机械费（元）				
名称	单位	定额用量	定额单价	合价	备注
人工					
材料					
机械					

4. 直接工程费计算

完成 M-6 的直接工程费计算，见表 2–11。

直接工程费计算表　　　　　　　　　　　　表 2–11

工程名称：某银行装饰工程　　　　　　　　　　第 1 页　共　　页

序号	定额编号	子目名称	工程量		价值（元）		其中（元）		
			单位	数量	单价	合价	人工费	材料费	机械费
1									
		合计							

2.1.5 活动评价

教学活动的评价内容与标准，见表2-12。

教学评价内容与标准 表2-12

评价内容	指标	项目	评价标准	个人评价	小组评价	教师评价	综合评价
专业能力评价	知识技能	门窗施工图纸认读					
		清单完成情况					
		工料分析完成情况					
		直接工程费完成情况					
社会能力评价	情感态度	出勤、纪律					
		态度					
	参与合作	讨论、互动					
		协助精神					
	语言知识技能	表达					
		会话					
方法能力评价	方法能力	学习能力					
		收集和处理信息					
		创新精神					
评价合计							

注：评价标准可按5分制、百分制、五级制等形式，教师可根据具体情况实施。

2.1.6 知识链接

1. 消耗量定额引用

2. 实践活动答案

任务2 防水工程的计量与计价

2.2.1 情景描述

【教学活动场景】

　　教学活动可以在工程造价实训室进行，需要提供某银行装饰工程施工图纸、《建设工程工程量清单计价规范》GB 50500−2013、《房屋建筑与装饰工程工程量计算规范》GB 50854−2013、所在地区《建筑装饰工程消耗量定额》《建筑装饰工程价目表》等资料；学生准备好16开的硬皮本、自动铅笔、多功能计算器、橡皮、直尺、签字笔等工具。

【学习目标】

掌握建筑装饰施工图的识读；掌握建筑装饰工程项目的防水工程量清单的编制、工料分析及直接工程费的计算。

【学习成果】

编制防水工程量清单、工料分析表、直接工程费表。

2.2.2 任务实施

【复习巩固】

1.《房屋建筑与装饰工程工程量计算规范》GB 50854−2013门窗工程中有哪些内容？

【解释】规范中的门窗工程包括：木门，金属门，金属卷帘（闸）门，厂库存大门、特种门，其他门，木窗，金属窗，木窗套，窗台板及窗帘、窗帘盒、轨等。

2. 编制一项分部分项工程的直接工程费包括哪些内容？如何计算？

【解释】直接工程费包括：人工费、材料费和机械费三部分。

人工费 = 人工定额消耗量 × 人工单价 × 装饰分项工程量

材料费 = ∑（材料定额消耗量 × 材料单价 × 装饰分项工程量）

机械费 = ∑（机械定额消耗量 × 机械单价 × 装饰分项工程量）

【引入新课】

　　我们在项目一中，已经学会防水工程量清单的编制，同时学习了工料分析和工程直接费的计算。这节课程运用较为复杂的装饰施工图纸，多数情况下需要同学们自己进行练习，训练较为复杂的建筑装饰工程项目的计量与计价。

1. 识读图纸

（1）读图内容

◆ 查找相应图例（填空）

查找序号为_____及_____的图纸，识读卫生间的平面图及立面索引图。

◆ 确定计算项目

卫生间防水，做法按照 SM-01 中 7 材料要求，选用 b（厚度为 2mm 非焦油聚氨酯涂膜）；反边高度 300mm。

◆ 查找对应尺寸（填空）

卫生间尺寸：_____mm（宽）× _____mm（长）

（2）工程量计算

2. 工程量清单编制

某银行卫生间防水工程工程量清单，见表 2-13。

工程量清单   表 2-13

工程名称：某银行装饰工程   第 1 页   共   页

序号	项目编码	项目名称	项目特征	计量单位	工程数量

3. 工料分析

完成楼面涂膜防水的工料分析，见表 2-14。

工料分析表   表 2-14

工程名称：某银行装饰工程   第 1 页   共   页

子目名称		计量单位		定额量	
定额编号					
名称	单位	定额用量	合计用量		备注
人工					
材料					
机械					

4. 定额基价计算

完成地面涂膜防水的定额基价计算，见表 2-15。

定额基价计算表 表 2–15

工程名称：某银行装饰工程· 第 1 页 共 页

子目名称			计量单位		
定额编号					
定额基价					
其中：人工费（元）					
材料费（元）					
机械费（元）					
名称	单位	定额用量	定额单价	合价	备注
人工					
材料					
机械					

5. 直接工程费计算

完成地面涂膜防水的直接工程费计算，见表 2–16。

直接工程费计算表 表 2–16

工程名称：某银行装饰工程 第 1 页 共 页

序号	定额编号	子目名称	工程量		价值（元）		其中（元）		
			单位	数量	单价	合价	人工费	材料费	机械费
		合计							

2.2.3 学习提醒

2–5

【学习提醒】

1. 教学实施中，读图时要求的填空内容如下：

（1）查找序号为＿＿＿及＿＿＿的图纸，识读卫生间的平面图及立面索引图。

（2）卫生间尺寸：＿＿＿mm（宽）×＿＿＿mm（长）

（3）工程量计算：＿＿＿＿＿＿＿＿＿＿＿＿＿＿＿＿＿＿＿

2. 楼（地）面及墙面的防水做法较多，必须根据项目特征的描述，选择对应的定额子目。

3. 楼（地）面防水反边高度≤ 300mm 算作地面防水，反边高度＞ 300mm 按墙面防水计算。

2.2.4 活动评价

教学活动的评价内容与标准，见表 2–17。

教学评价内容与标准　　　　　　　　　　　表 2–17

评价内容	指标	项目	评价标准	个人评价	小组评价	教师评价	综合评价
专业能力评价	知识技能	卫生间施工图纸认读					
		清单完成情况					
		工料分析完成情况					
		直接工程费完成情况					
社会能力评价	情感态度	出勤、纪律					
		态度					
	参与合作	讨论、互动					
		协助精神					
	语言知识技能	表达					
		会话					

续表

评价内容	指标	项目	评价标准	个人评价	小组评价	教师评价	综合评价
方法能力评价	方法能力	学习能力					
		收集和处理信息					
		创新精神					
	评价合计						

注：评价标准可按 5 分制、百分制、五级制等形式，教师可根据具体情况实施。

2.2.5 知识链接

1. 消耗量定额引用

2. 实践活动答案

2-6

任务 3 楼地面工程的计量与计价

2.3.1 情景描述

2-7

【教学活动场景】

教学需要提供某银行营业大厅装饰工程施工图纸，《建设工程工程量清单计价规范》GB 50500-2013、《房屋建筑与装饰工程工程量计算规范》GB 50854-2013、《建筑装饰工程消耗量定额》《建筑装饰工程价目表》调研材料价格信息等资料；学生准备相应的计量与计价的表格、计算器等工具。

【学习目标】

能够熟读复杂的楼地面装饰施工图纸；掌握各种装饰做法的楼地面工程量清单的编制；熟练应用《装饰装修消耗量定额》确定人工、材料、机械机具的消耗量，并编制工料分析表；掌握楼地面直接工程费的计算。

【学习成果】

编制银行营业大厅楼地面的工程量清单；计算银行营业大厅楼面所需要的主要装饰材料用量；计算完成酒店标间楼面的装饰所需的直接工程费。

2.3.2 任务实施

【复习巩固】

1. 建筑易漏水的部位有哪些？

【解释】建筑易漏水的部位有：地下室、屋面、室内浴厕间、外墙板缝、特殊建筑物和特殊部位（如水池、水塔、室内游泳池、喷水池、室内花园等）。

2. 墙面防水、防潮工程量计算规范中需要哪些内容？

【解释】需要注意：

（1）墙面防水搭接及附加层用量不另行计算，在综合单价中考虑；

（2）墙面变形缝，若做双面，工程量乘系数2；

（3）墙面找平层按本规范附录M墙、柱面装饰与隔断、幕墙工程"立面砂浆找平层"项目编码列项。

【引入新课】

> 楼面、地面若有防水，在防水层上找平后，按照装饰施工图纸的装饰装修要求做面层。在楼地面施工前做好工程量的计算工作，计算楼地面施工所需要的各种材料及构配件的准备工作，也为控制成本，计算直接费打好基础。

1. 识读楼地面装饰图纸

（1）读图内容

由附录2说明中"材料说明表""地面铺装图"及"地面布置图"知银行各位置地面做法如下：

◆ 大厅做法：铺 800mm × 800mm 大理石

◆ 柜员区、办公区：600mm × 600mm 地砖

◆ 卫生间：陶瓷锦砖

◆ 行长室、副行长室、VIP 室：木地板

◆ 过门石：所有过门石均为黑金砂石材

（2）确定计算项目

根据以上分析及《房屋建筑与装饰工程工程量计算规范》GB 50854–2013，不同装饰的楼地面编制清单项目。

2．工程量清单编制

以大厅（包括内门斗）大理石地面为例编制清单项目。

（1）大厅大理石地面

◆ 项目编码：011102001001

◆ 项目特征：10mm 厚水泥砂浆（掺建筑胶）1：2；刷素水泥浆（掺建筑胶）一道；铺 800mm × 800mm 大理石地面。

◆ 计量单位：m²

◆ 清单量计算：

计算规则：按图示尺寸以面积计算。门洞空圈、暖气包槽、壁龛的开口部分并入相应的工程量内。

本例中无暖气包槽、壁龛；门洞下均做黑金砂过门石，过门石宜单独列项，故不加门洞下开口部分面积。扣除柱在地面占的面积。

由附录 2 "地面铺装图"及"地面布置图"知大厅为矩形，大厅净长 22.74m，净宽 8.805m。大厅共有 6 根柱，其中两根柱断面 700mm × 700mm，其余四根断面 650mm × 650mm，最右端混凝土柱垛突出墙面尺寸为（650–240）mm。

◆ 计算结果：197.71m²

◆ 计算过程：22.74 × 8.805–0.7 × 0.7 × 2–0.65 × 0.65 × 3–0.65 × (0.65–0.24) =197.71m²

（2）工程量清单表

将工程量清单按标准格式编制，见表 2–18。

楼地面工程量清单   表 2-18

序号	项目编码	项目名称	项目特征	计量单位	工程数量
1	011102001001	大理石地面	1. 结合层：10mm 厚水泥砂浆（掺建筑胶）1：2；刷素水泥浆（掺建筑胶）一道 2. 面层：铺 800mm×800mm 大理石地面	m²	197.71

3. 工料分析

依据预算定额或企业定额，确定完成大理石地面装饰项目所需消耗的人工、材料、机械数量。

本例以当地造价管理部门的《建筑装饰工程消耗量定额》为依据，对大理石地面工程进行工料分析。由定额可知，大理石地面的定额工程量计算规则与清单量计算规则相同，工料分析过程见表 2-19。

2-8

大理石地面工料分析表   表 2-19

工程名称：某银行装饰工程   第 1 页 共   页

子目名称	大理石地面	计量单位	100m²	定额量	1.9798
定额编号			10-158		

	名称	单位	定额用量	合计用量	备注
人工	综合工日	工日	21.37	42.248	
材料	素水泥浆（掺建筑胶）一道	m³	0.101	0.200	
	10mm 厚水泥砂浆（掺建筑胶）1：2	m³	1.100	2.175	
	锯木屑	m³	0.600	1.186	
	白水泥	m³	10.300	20.363	
	棉纱头	kg	1.000	1.977	
	大理石板	m²	102.000	201.654	
	石料切割锯片	片	0.350	0.692	
	水	m³	0.650	1.285	
机械	灰浆搅拌机 200L	台班	0.180	0.356	
	石料切割机	台班	1.400	2.768	

2-9

4. 分部分项工程基价的确定

通过市场调查或网上询价等方式，确定人工、各种材料及机械的单价，确定完成大理石地面项目的基价。基价计算过程见表 2-20。

大理石地面基价计算表　　　　　　　　　　表 2-20

工程名称：某银行装饰工程　　　　　　　　第 1 页　共　　页

子目名称		大理石地面	计量单位	100m²
定额编号		10-158		
定额基价		27958.48		
其中：人工费（元）		1839.96		
材料费（元）		26056.56		
机械费（元）		61.96		

编号	名称	单位	定额用量	定额单价	合价	备注
人工	综合工日	工日	21.37	86.10	1839.96	
材料	素水泥浆（掺建筑胶）一道	m³	0.101	743.80	75.124	
	10mm 厚水泥砂浆（掺建筑胶）1∶2	m³	1.100	225.42	247.962	
	锯木屑	m³	0.600	8.00	4.8	
	白水泥	kg	10.300	0.58	5.974	
	棉纱头	kg	1.000	11.60	11.6	
	大理石	m²	102.000	252.00	25704	
	石料切割锯片	片	0.350	12.50	4.375	
	水	m³	0.650	4.20	2.73	
机械	灰浆搅拌机 200L	台班	0.180	70.89	12.760	
	石料切割机	台班	1.400	35.14	49.196	

5. 直接工程费计算

通过以上分析确定出完成单位分项工程的基价，结合图纸工程量，计算每个项目的直接工程费，见表 2-21。

直接工程费计算表　　　　　　　　　　　　　　　　表 2-21

工程名称：某银行装饰工程　　　　　　　　　　　　第 1 页　共　　页

序号	定额编号	子目名称	工程量		价值（元）		其中（元）	
			单位	数量	单价	合价	人工费	材料费
1	10-158	大理石地面	100m²	1.977	27958.48	55273.91	3637.60	51513.82
		合计						

注：人工费：1839.96×1.977=3637.60（元）。

材料费：26056.56×1.977=51513.82（元）。

2.3.3 学习提醒

2-10

【学习提醒】

清单计价法与定额计价法的区别？

2.3.4 实践活动

1. 编制工程量清单

根据附录 2 的施工图，编制卫生间地面的清单项目。

（1）读图内容

◆ 查找相应图例（填空）

由图号_____知，卫生间面层材料为_____，品牌为_____。由图号为_____、_____及_____的图纸知卫生间尺寸：开间净尺寸为_____mm，进深净尺寸为_____mm。

（2）工程量计算过程

_____

（3）工程量清单编制

银行卫生间面层工程量清单填入表 2-22。

工程量清单   表 2-22

工程名称：某银行装饰工程   第 1 页 共   页

序号	项目编码	项目名称	项目特征	计量单位	工程数量

2. 工料分析

进行铺贴卫生间地面面层的工料分析，填入表 2-23。

工料分析表   表 2-23

工程名称：某银行装饰工程   第 1 页 共   页

子目名称		计量单位		定额量	
定额编号					
名称	单位	定额用量	合计用量		备注
人工					
材料					
机械					

3. 定额基价计算

完成卫生间地面面层的定额基价计算，填入表 2-24。

定额基价计算表　　　　　　　　　　　　　　　表 2-24

工程名称：某银行装饰工程　　　　　　　　　　　第 1 页　　共　　页

子目名称			计量单位	
定额编号				
定额基价				
其中：人工费（元）				
材料费（元）				
机械费（元）				

	名称	单位	定额用量	定额单价	合价	备注
人工						
材料						
机械						

4. 直接工程费计算

完成地面面层的直接工程费计算，填入表 2-25。

直接工程费计算表　　　　　　　　　　　　　　表 2-25

工程名称：某银行装饰工程　　　　　　　　　　　第 1 页　　共　　页

序号	定额编号	子目名称	工程量		价值（元）		其中（元）		
			单位	数量	单价	合价	人工费	材料费	机械费
		合计							

2.3.5 教学评价

教学活动的评价内容与标准，见表 2-26。

教学评价内容与标准 表 2-26

评价内容	指标	项目	评价标准	个人评价	小组评价	教师评价	综合评价
专业能力评价	知识技能	地面施工图纸认读					
		清单完成情况					
		工料分析完成情况					
		直接工程费完成情况					
社会能力评价	情感态度	出勤、纪律					
		态度					
	参与合作	讨论、互动					
		协助精神					
	语言知识技能	表达					
		会话					
方法能力评价	方法能力	学习能力					
		收集和处理信息					
		创新精神					
评价合计							

注：评价标准可按 5 分制、百分制、五级制等形式，教师可根据具体情况实施。

2.3.6 知识链接

1. 消耗量定额摘录

2. 实践活动答案

2-11

任务 4 墙、柱面装饰与隔断、幕墙工程的计量与计价

2.4.1 情景描述

【教学活动场景】

　　教学活动可以在工程造价实训室进行，需要提供某银行营业大厅装饰工程施工图纸、《建设工程工程量清单计价规范》GB 50500-2013、《房屋建筑与装饰工程工程量计算规范》GB 50854-2013、《建筑装饰工程消耗量定额》《建筑装饰工程价目表》等资料；学生准备好 16 开的硬皮本、铅笔、多功能计算器、橡皮、直尺、签字笔等工具。

【学习目标】

　　掌握复杂墙、柱面装饰与隔断、幕墙工程量清单编制；掌握墙、柱面装饰与隔断、幕墙工程量清单计算规则、工料分析及直接工程费计算。

【学习成果】

　　编制银行大厅的墙、柱面装饰与隔断、幕墙工程的工程量清单；计算银行大厅的墙、柱面装饰与隔断、幕墙工程所需要的主要材料用量；计算完成银行大厅的墙、柱面装饰与隔断、幕墙工程所需的直接工程费。

2.4.2 任务实施

【复习巩固】

1. 楼地面面层的装饰按所用材料的不同可分为哪些？

　　【解释】按楼地面面层所用的材料可分为：整体面层、块料面层、橡塑面层、其他面层等。

2. 楼地面及找平工程，工程量计算规则中应扣除、不扣除及不增加面积

的内容是什么？

【解释】相关内容有：

应扣除：凸出地面构筑物、设备基础、室内铁道、地沟等所占面积；

不扣除：间隔墙及 $\leq 0.3m^2$ 柱、垛、附墙烟囱及孔洞所占面积；

不增加：门洞、空圈、暖气包槽、壁龛的开口部分。

【引入新课】

我们在项目一中，已经学会墙、柱面装饰与隔断、幕墙工程量清单的编制，同时学习了工料分析和工程直接费的计算。项目一使用的酒店标间施工图纸较为简单，项目二将运用较为复杂的装饰施工图纸进行计量与计价。以同学们自己进行练习为主，编写较为复杂的建筑装饰工程项目的计量与计价。

1. 识读图纸

（1）查找相应图纸

请同学们查找图号为 P-01 的图纸，平面布置图；查找图号为 P-05 的图纸，地面布置图；查找图号为 P-06 的图纸，门号及里面索引图；查找图号为 E-04 的图纸，卫生间 A、B、C、D 立面图。

（2）确定计算项目

◆ 墙面装饰板（等候区 B 立面）。

◆ 柱面装饰（等候区），Ⓐ轴 × ②轴、Ⓐ轴 × ④轴独立柱。

◆ 玻璃隔断（等候区 C 立面入口处）。

◆ 玻璃幕墙（等候区 C 立面）。

（3）查找对应尺寸

等候区墙面尺寸：由"门号及立面索引图"知等候区四边的编号分别为 A、B、C、D，可根据编号查找 E-02 中 B 立面图尺寸，确定该墙面的计算尺寸。

2. 工程量清单编制

（1）墙面装饰板

【注】等候厅 B 立面铝塑板。

◆ 项目特征：板面拼缝处理；3 ～ 4mm 厚平面塑铝板面层，建筑胶粘贴。

◆ 项目编码：011207001001

◆ 计量单位：m²

◆ 计算规则：按设计图示墙净长乘以净高以面积计算。扣除门窗洞口及单个 > 0.3m² 的孔洞所占面积。

◆ 计量结果：28.71m²

◆ 计量过程：〔8.805 +（0.65–0.3）×2〕×（3.1–0.08）=28.71

（2）独立柱装饰板

【注】等候区Ⓐ轴 × ②轴、Ⓐ轴 × ④轴独立柱铝塑板。

◆ 项目特征：板面拼缝处理；3 ～ 4mm 厚平面塑铝板面层，建筑胶粘贴。

◆ 项目编码：011208001001

◆ 计量单位：m²

◆ 计算规则：按设计图示饰面外围尺寸以面积计算。柱帽、柱墩并入相应柱饰面工程量内。

◆ 计量结果：15.70m²

◆ 计量过程：0.65×4×（3.1–0.08）×2=15.70

（3）玻璃隔断

【注】等候厅入口。

◆ 项目特征：普通、钢化玻璃。

◆ 项目编码：011210003001

◆ 计量单位：m²

2–12

◆ 计算规则：按设计图示框外围尺寸以面积计算。不扣除单个 ≤ 0.3m² 的孔洞所占面积。

◆ 计量结果：23.06m²

◆ 计量过程：（2.95×2 + 1.495×2）×3.1–0.9×2.5×2=23.06

（4）玻璃幕墙

【注】等候厅 C 立面。

◆　项目特征：普通、钢化玻璃。

◆　项目编码：011209002001

◆　计量单位：m²

◆　计算规则：按设计图示尺寸以面积计算。带肋全玻幕墙按展开面积计算。

◆　计量结果：62.85m²

◆　计量过程：$(11+6.85+5.01-0.15×3-1.6)×(3.1-0.08)=62.85$

3. 工程量清单编制实例

工程量清单，见表 2-27。

工程量清单　　　　　　　　　　　　　　　　　　　　　　　表 2-27

序号	项目编码	项目名称	项目特征	计量单位	工程数量
1	011207001001	墙面装饰板（铝塑板）	1. 板面拼缝处理 2. 3 ~ 4mm 厚平面塑铝板面层，建筑胶粘贴	m²	28.71
2	011208001001	独立柱装饰板（铝塑板）	1. 板面拼缝处理 2. 3 ~ 4mm 厚平面塑铝板面层，建筑胶粘贴	m²	15.70
3	011210003001	玻璃隔断	普通、钢化玻璃	m²	23.06
4	011209002001	玻璃幕墙	普通、钢化玻璃	m²	62.85

注：墙面、柱面装饰板（铝塑板）做法见陕 09J01 建筑用料及做法内 50。

2-13

4. 工料分析实例

（1）墙面装饰板工料分析，见表 2-28。

工料分析表　　　　　　　　　　　　　　　　　表 2-28

工程名称：某银行装饰工程　　　　　　　　　　　第 1 页　　共　　页

子目名称		铝塑板墙面	计量单位	100m²	定额量	0.298
定额编号		10-593				
名称		单位	定额用量	合计用量	备注	
人工	综合工日	工日	32.200	9.24		
材料	玻璃胶	kg	10.040	2.88		
	密封胶	支	50.530	14.51		
	铝塑板	m²	114.840	32.97		

（2）玻璃隔断工料分析，见表 2-29。

工料分析表　　　　　　　　　　　　　　　　　表 2-29

工程名称：某银行装饰工程　　　　　　　　　　　第 1 页　　共　　页

子目名称		全玻璃隔断	计量单位	100m²	定额量	0.2306
定额编号		10-610				
名称		单位	定额用量	合计用量	备注	
人工	综合工日	工日	31.860	7.347		
材料	各种型钢	kg	436.220	100.592		
	平板玻璃 5mm	m²	106.040	24.453		
	玻璃胶	kg	9.010	2.078		
	橡胶条	m	157.890	36.409		
	膨胀螺栓	套	354.080	81.651		
机械	交流弧焊机 32kV·A	台班	0.220	0.051		
	半自动切割机 100mm	台班	4.380	1.010		

5. 定额基价计算实例

（1）墙面装饰板定额基价计算，见表 2-30。

定额基价计算表　　　　　　　　　　表 2-30

工程名称：某银行装饰工程　　　　　　　　第 1 页　共　　页

子目名称	铝塑板墙面	计量单位	100m²
定额编号	10-593		
定额基价	10703.52		
其中：人工费（元）	2772.42		
材料费（元）	7931.1		
机械费（元）			

	名称	单位	定额用量	定额单价	定额基价	备注
人工	综合工日	工日	32.200	86.1	2772.42	
材料	玻璃胶	kg	10.040	21.3	213.85	
	密封胶	支	50.530	5.0	252.65	
	铝塑板	m²	114.840	65.00	7464.60	

（2）玻璃隔断定额基价计算，见表 2-31。

2-14

定额基价计算表　　　　　　　　　　表 2-31

工程名称：某银行装饰工程　　　　　　　　第 1 页　共　　页

子目名称	全玻璃隔断	计量单位	100m²
定额编号	10-610		
定额基价	10096.51		
其中：人工费（元）	2743.15		
材料费（元）	6222.74		
机械费（元）	601.97		

	名称	单位	定额用量	定额单价	定额基价	备注
人工	综合工日	工日	31.86	86.10	2743.15	

续表

	名称	单位	定额用量	定额单价	定额基价	备注
材料	各种型钢	kg	436.220	4.50	1962.99	
	平板玻璃5mm	m²	106.040	24.50	2597.98	
	玻璃胶	kg	9.010	21.3	191.91	
	橡胶条	m	157.890	4.60	726.29	
	膨胀螺栓	套	354.080	2.10	743.57	
机械	交流弧焊机 32kV·A	台班	0.220	169.55	37.30	
	半自动切割机 100mm	台班	4.380	128.92	564.67	

6. 直接工程费计算实例

墙面装饰板和玻璃隔断的直接工程费计算，见表2-32。

直接工程费计算表 　　　　　　　　　　　　　表2-32

工程名称：某银行装饰工程 　　　　　　　　　　　第1页　共　　页

序号	定额编号	子目名称	工程量		价值（元）		其中（元）		
			单位	数量	单价	合价	人工费	材料费	机械费
1	10-593	铝塑板墙面	100m²	0.2871	10703.52	3072.98	795.96	2277.02	0.00
2	10-610	全玻璃隔断	100m²	0.2306	10096.51	2328.26	632.57	1434.96	138.82
		合计							

2.4.3　学习提醒

【学习提醒】

1. 教学实施中，读图时要求的填空内容如下：

（1）查找序号为_____及_____的图纸，识读卫生间的平面图及立面索引图。

（2）卫生间新做墙体及隔断为____立面。C立面尺寸：____mm（宽）×____mm（高）；D立面尺寸：____mm（宽）×____mm（高）。

2-15

2. 墙、柱面装饰及隔断、幕墙工程，必须根据项目特征的描述，选择对应的定额子目。

3. 柱面与墙面在同一平面时，镶贴装饰执行墙面相应子目。如不在同一平面，柱面应单独执行柱面相应子目。

2.4.4　实践活动

1. 工程量清单编制

完成卫生间新做墙体的墙面及隔断的工程量清单的编制，见表2-33。

工程量清单表　　　　　　　　　　　　　　　表 2-33

序号	项目编码	项目名称	项目特征	计量单位	工程数量

2. 工料分析计算

完成块料墙面的工料分析，见表2-34。

工料分析表　　　　　　　　　　　　　　　表 2-34

工程名称：某银行装饰工程　　　　　　　　　第 1 页　　共　　页

子目名称			计量单位		定额量	
定额编号						
名称		单位	定额用量	合计用量		备注
人工	综合工日	工日				
材料	6mm 厚水泥砂浆 1:2	m³				
	12mm 厚水泥砂浆 1:3	m³				
	4mm 厚聚合物水泥砂浆	m³				
	白水泥	kg				
	棉纱头	kg				
	面砖周长 1600mm 以内	m²				
	石料切割锯片	片				
	水	m³				
机械	灰浆搅拌机 200L	台班				
	石料切割机	台班				

3. 定额基价计算

完成块料墙面的定额基价计算，见表 2-35。

定额基价计算表 　　　　　　　　　　　　　　　　　表 2-35

工程名称：某银行装饰工程 　　　　　　　　　　　　第 1 页　共　　页

子目名称				计量单位	
定额编号					
定额基价					
其中：人工费（元）					
材料费（元）					
机械费（元）					
名称		单位	定额用量	定额单价	定额合价	备注
人工	综合工日	工日				
材料	6mm 厚水泥砂浆 1∶2	m^3				
	12mm 厚水泥砂浆 1∶3	m^3				
	4mm 厚聚合物水泥砂浆	m^3				
	白水泥	kg				
	棉纱头	kg				
	面砖周长 1600mm 以内	m^2				
	石料切割锯片	片				
	水	m^3				
机械	灰浆搅拌机 200L	台班				
	石料切割机	台班				

4. 直接工程费计算

完成块料墙面的直接工程费计算，见表 2-36。

直接工程费计算表 　　　　　　　　　　　　　　　　表 2-36

序号	定额编号	子目名称	工程量		价值（元）		其中（元）		
			单位	数量	基价	合价	人工费	材料费	机械费

2.4.5 活动评价

教学活动的评价内容与标准，见表 2–37。

教学评价内容与标准   表 2–37

评价内容	指标	项目	评价标准	个人评价	小组评价	教师评价	综合评价
专业能力评价	知识技能	墙、柱面装饰图纸的识读					
		清单完成情况					
		工料分析					
		直接费计算					
社会能力评价	情感态度	出勤、纪律					
		态度					
	参与合作	讨论、互动					
		协助精神					
	语言知识技能	表达					
		会话					
方法能力评价	方法能力	学习能力					
		收集和处理信息					
		创新精神					
评价合计							

注：评价标准可按 5 分制、百分制、五级制等形式，教师可根据具体情况实施。

2.4.6 知识链接

1. 墙面装饰板的消耗量定额

2. 实践活动答案

2–16

任务 5　天棚工程的计量与计价

2.5.1　情景描述

【教学活动场景】

　　教学需要提供某银行营业大厅装饰工程施工图纸，《建设工程工程量清单计价规范》GB 50500–2013、《房屋建筑与装饰工程工程量计算规范》GB 50854–2013、《建筑装饰工程消耗量定额》《建筑装饰工程价目表》调研材料价格信息等资料；学生准备相应的计量与计价的表格、计算器等工具。

【学习目标】

　　能够熟读复杂的天棚装饰施工图纸；掌握各种装饰做法的天棚工程量清单的编制；能够计算天棚工程的清单工程量；掌握天棚工程工料分析的方法；掌握天棚工程直接工程费的计算。

【学习成果】

　　编制银行除等候区大厅外其余天棚的工程量清单；独立计算其余天棚所需要的主要装饰材料用量；完成银行其余天棚的直接工程费计算。

2.5.2　任务实施

【复习巩固】

1. 悬吊式天棚一般的基本组成是什么？

【解释】悬吊式天棚一般由吊筋、基层、面层三大基本部分组成。

2. 悬吊天棚工程量计算规则中，哪些面积不需要展开？

【解释】不需要展开的面积有：天棚面中的灯槽及跌级、锯齿形、吊挂式、藻井式天棚面积不展开计算。

【引入新课】

通过项目一某酒店标间装饰工程天棚的计量与计价的学习，同学们已经掌握了基本的天棚装饰工程工程量清单的编制与计价。若是复杂的天棚装饰工程，如何编制工程量清单和计价？面对复杂的天棚工程，第一步同样是从识读天棚装饰图纸开始。

1. 识读图纸

（1）读图内容

由图 SM-02 装饰材料说明、图 P-02 天花布置图可知：

◆ D1-1 跌级石膏板天花：应用于等候区、行长室、副行长室、贵宾区；

◆ D1-2 600mm×600mm 矿棉板天花：应用于库房、加钞室、前台办公区、后台办公区；

◆ D1-3 300mm×300mm 铝扣板天花：应用于卫生间。

（2）确定计算项目

根据以上分析及《房屋建筑与装饰工程工程量计算规范》GB 50854-2013，天花材质不同应分别编制清单项目，本例编制等候区天花的清单项目。

D1-1：跌级石膏板天花

（3）查找对应尺寸

◆ 查看图 P-04 地面铺装图，可知等候区净长：22.74m；净宽：8.805m。

◆ 查看图 P-03 天花尺寸图，可知等候区中共有 6 根混凝土柱，截面尺寸分别为 650mm×650mm；700mm×700mm。

2. 工程量清单编制

等候区天棚 D1-1 工程量清单编制

◆ 项目编码：011302001001

◆ 项目名称：吊顶天棚

◆ 项目特征：

A. 普通石膏板用自攻螺钉与龙骨固定，中距≤200mm，

2-17

螺钉距板边长边≥10mm，短边≥15mm；

B. U形轻钢覆面横撑龙骨CB60×27，间距1200mm，用挂件与承载龙骨联结；

C. U形轻钢覆面次龙骨CB60×27，间距400mm，用挂件与承载龙骨联结；

D. U形轻钢承载龙骨CB60×27，中距≤1200mm，用吊件与钢筋吊杆联结后找平；

E. ϕ6钢筋吊杆，双向中距≤1200mm，吊杆上部与预留钢筋吊环固定；

F. 现浇钢筋混凝土膨胀螺栓固定，双向中距≤1200mm。

【注】项目特征描述参考本地建筑物用料做法。

◆ 计量单位：m^2

◆ 计算规则：按设计图示尺寸以水平投影面积计算。天棚面中的灯槽及跌级、锯齿形、吊挂式、藻井式天棚面积不展开计算。不扣除间壁墙、检查口、附墙烟囱、柱垛和管道所占面积，扣除单个>0.3m^2的孔洞、独立柱及与天棚相连的窗帘盒所占的面积。

◆ 计算结果：197.98m^2

◆ 计算过程：$22.74 \times 8.805 - 0.65 \times 0.65 \times 3 - 0.7 \times 0.7 \times 2 = 197.98m^2$

3. 工程量清单实例

等候区天棚D1-1工程量清单编制标准格式，见表2-38。

等候区天棚 D1-1 的工程量清单 　　　　　　　　　　　　　　表 2-38

序号	项目编码	项目名称	项目特征	计量单位	工程数量
1	011302001001	吊顶天棚	1. 石膏板用自攻螺丝与龙骨固定，中距≤200mm，螺钉距板边长边≥10mm，短边≥15mm 2. U形轻钢覆面横撑龙骨CB60×27，间距1200mm，用挂件与承载龙骨联结 3. U形轻钢覆面次龙骨CB60×27，间距400mm，用挂件与承载龙骨联结 4. U形轻钢承载龙骨CB60×27，中距≤1200mm，用吊件与钢筋吊杆联结后找平 5. ϕ6钢筋吊杆，双向中距≤1200mm，吊杆上部与预留钢筋吊环固定 6. 现浇钢筋混凝土膨胀螺栓固定，双向中距≤1200mm	m^2	197.98

2–18

4. 工料分析

（1）天棚龙骨，见表 2–39。

工料分析表 表 2–39

工程名称：某银行装饰工程　　　　　　　　　　　　　　　第 1 页　共　　页

子目名称		装配式 U 形轻钢天棚龙骨面层规格 600mm×600mm 平面 不上人		计量单位	100m²	定额量	1.98
定额编号		10-696					
名称		单位	定额用量		合计用量		备注
人工	综合工日	工日	19.000		37.620		
材料	铁件	kg	40.000		79.200		
	电焊条（普通）	kg	1.280		2.530		
	高强螺栓	kg	1.220		2.420		
	螺母	个	352.000		697.000		
	射钉	个	153.000		303.000		
	轻钢龙骨 不上人型（平面）600mm×600mm	m²	101.500		200.970		
	吊筋	kg	27.500		54.450		
	垫圈	个	176.000		348.000		
机械	交流弧焊机 32kV·A	台班	0.100		0.198		

（2）天棚面层，见表 2-40。

工料分析表

表 2-40

工程名称：某银行装饰工程

第 1 页　共　　页

子目名称		石膏板天棚面层 （安在 U 形轻钢龙骨上）		计量单位	100m²	定额量	2.13
定额编号		10-763					
名称		单位	定额用量	合计用量		备注	
人工	综合工日	工日	13.200	28.120			
材料	自攻螺钉	个	3450.000	7349.000			
	石膏板（饰面）	m²	105.000	223.650			
	其他材料费（占材料费）	%	0.850	1.811			

5. 定额基价计算实例

（1）天棚龙骨，见表 2-41。

定额基价计算表

表 2-41

工程名称：某银行装饰工程

第 1 页　共　　页

子目名称		装配式 U 形轻钢天棚龙骨 面层规格 600mm×600mm 平面 不上人		计量单位	100m²
定额编号		10-696			
定额基价		6910.63			
其中：人工费（元）		1635.90			
材料费（元）		5262.51			
机械费（元）		12.22			
名称		单位	定额用量	定额单价	定额基价	备注
人工	综合工日	工日	19.000	86.10	1635.90	
材料	铁件	kg	40.000	5.60	224.00	
	电焊条（普通）	kg	1.280	5.35	6.85	
	高强螺栓	kg	1.220	8.00	9.76	
	螺母	个	352.000	0.14	49.28	

续表

	名称	单位	定额用量	定额单价	定额基价	备注
材料	射钉	个	153.000	0.02	3.06	
	轻钢龙骨 不上人型（平面）600×600	m²	101.500	40.80	4141.20	
	吊筋	kg	27.500	29.93	823.08	
	垫圈	个	176.000	0.03	5.28	
机械	交流弧焊机 32kV·A	台班	0.100	122.21	12.22	

（2）天棚面层，见表 2-42。

定额基价计算表　　　　　　　　　　　　表 2-42

工程名称：某银行装饰工程　　　　　　　　　　第 1 页　　共　　页

子目名称	石膏板天棚面层（安在 U 形轻钢龙骨上）	计量单位	100m²
定额编号	10-763		
定额基价	2960.90		
其中：人工费（元）	1136.52		
材料费（元）	1824.38		
机械费（元）	0		

	名称	单位	定额用量	定额单价	定额基价	备注
人工	综合工日	工日	13.200	86.10	1136.52	
材料	自攻螺钉	个	3450.000	0.22	759.00	
	石膏板（饰面）	m²	105.000	10.00	1050.00	
	其他材料费（占材料费）	%	0.850	1	15.38	

6. 直接工程费计算实例

直接工程费计算，见表 2-43。

直接工程费计算表 表 2-43

工程名称：某银行装饰工程 第 1 页 共 页

序号	定额编号	子目名称	工程量		价值（元）		其中（元）		
			单位	数量	单价	合价	人工费	材料费	机械费
1	10-696	装配式 U 形轻钢天棚龙骨面层规格 600mm×600mm 平面 不上人	100m²	1.98	6910.62	13683.03	3239.08	10419.77	24.18
2	10-763	石膏板天棚面层（安在 U 形轻钢龙骨上）	100m²	2.13	2960.90	6306.72	2420.79	3885.93	
		天棚 D1-1 费用小计				19989.75	5659.87	14305.70	24.18

2.5.3 学习提醒

【学习提醒】

跌级天棚吊顶清单工程量与定额工程量计算的区别？

【解释】跌级天棚吊顶清单工程量与平面天棚吊顶清单工程量的计算方法一致，跌级部分不展开计算。

本地定额计算跌级天棚吊顶定额工程量分为两部分：龙骨的定额工程量与天棚吊顶清单工程量相同；面层的定额工程量是按实钉面积计算，跌级部分要展开计算。

2.5.4 实践活动

【计算题】

1. 完成行长室天棚的工程量清单的编制，见表 2-44。

行长室天棚的工程量清单　　　　　　　　　　　　表 2-44

序号	项目编码	项目名称	项目特征	计量单位	工程数量

2. 完成行长室天棚的工料分析，见表 2-45。

工料分析表　　　　　　　　　　　　表 2-45

工程名称：某银行装饰工程　　　　　　　　　　　　第 1 页　　共　　页

子目名称		计量单位		定额量	
定额编号					
名称		单位	定额用量	合计用量	备注
人工					
材料					
机械					

3. 完成行长室天棚的定额基价计算，见表 2-46。

定额基价计算表　　　　　　　　　　　　表 2-46

工程名称：某银行装饰工程　　　　　　　　　　　　第 1 页　　共　　页

子目名称		计量单位	
定额编号			
定额基价			
其中：人工费（元）			
材料费（元）			
机械费（元）			
名称	单位	定额用量	定额单价	定额基价	备注
人工					

续表

名称		单位	定额用量	定额单价	定额基价	备注
材料						
机械						

4. 完成行长室天棚直接工程费的计算，见表 2-47。

直接工程费计算表　　　　　　　　　　　　　　　表 2-47

工程名称：某银行装饰工程　　　　　　　　　　　　　　第 1 页　　共　　页

序号	定额编号	子目名称	工程量		价值（元）		其中（元）		
			单位	数量	单价	合价	人工费	材料费	机械费

2.5.5　教学评价

教学活动的评价内容与标准，见表 2-48。

教学评价内容与标准　　　　　　　　　　　　　　表 2-48

评价内容	指标	项目	评价标准	个人评价	小组评价	教师评价	综合评价
专业能力评价	知识技能	天棚施工图纸认读					
		天棚清单编制					
		天棚工料分析					
		天棚直接工程费计算					
社会能力评价	情感态度	出勤、纪律					
		态度					
	参与合作	互动交流					
		协作精神					
	语言知识技能	口语表达					
		语言组织					

续表

评价内容	指标	项目	评价标准	个人评价	小组评价	教师评价	综合评价
方法能力评价	方法能力	学习能力					
		收集和处理信息					
		创新精神					
	评价合计						

注：评价标准可按5分制、百分制、五级制等形式，教师可根据具体情况实施。

2.5.6　知识链接

1. 消耗量定额摘录

2. 实践活动答案

2–19

任务6　油漆、涂料、裱糊工程的计量与计价

2.6.1　情景描述

【教学活动场景】

　　教学需要提供某银行营业大厅装饰工程施工图纸，《建设工程工程量清单计价规范》GB 50500–2013、《房屋建筑与装饰工程工程量计算规范》GB 50854–2013、《建筑装饰工程消耗量定额》《建筑装饰工程价目表》调研材料价格信息等资料；学生准备相应的计量与计价的表格、计算器等工具。

【学习目标】

能够熟读复杂的油漆、涂料、裱糊装饰施工图纸；编制油漆、涂料、裱糊工程的工程量清单；掌握油漆、涂料、裱糊工程工料分析的方法；掌握油漆、涂料、裱糊工程直接工程费的计算。

【学习成果】

编制银行除行长室外其余油漆、涂料、裱糊工程的工程量清单；独立计算其余油漆、涂料、裱糊工程所需要的主要装饰材料用量；完成银行其余油漆、涂料、裱糊工程的直接工程费计算。

2.6.2　任务实施

【复习巩固】

1. 如何识读复杂的天棚图纸？

【解释】（1）查找装饰材料表和天棚平面图，确定天棚的材料和类型；

（2）查找天棚尺寸图，确定天棚清单工程量和定额工程量的计算尺寸。

2. 跌级天棚清单工程量如何计算？

【解释】跌级天棚清单工程量是按照设计图示尺寸以水平投影面积计算，跌级部分不展开计算。不扣除间壁墙、检查口、附墙烟囱、柱垛和管道所占面积，扣除单个 $> 0.3\text{m}^2$ 的孔洞、独立柱及与天棚相连的窗帘盒所占的面积。

【引入新课】

通过项目一某酒店标间装饰工程油漆、涂料、裱糊工程的计量与计价的学习，同学们已经掌握了基本的油漆、涂料、裱糊装饰工程工程量清单的编制与计价。项目二选择较为复杂的某银行营业大厅装饰施工图，以同学们练习为主，掌握复杂的油漆、涂料、裱糊工程的计量与计价。

1. 识读图纸

（1）读图内容

以行长室为例，由图 SM-02 装饰材料说明、图 E-03 行长室 A、B、C、D 立面图可知：

◆ 行长室所有墙面铺贴壁纸；

◆ 行长室跌级石膏板天花板刷乳胶漆。

（2）确定计算项目

根据以上分析及《房屋建筑与装饰工程工程量计算规范》GB 50854–2013，行长室编制以下清单项目：

◆ 墙纸裱糊；

◆ 墙面喷刷涂料。

（3）查找对应尺寸

◆ 查看 E-03 行长室 A、B、C、D 立面图，可知行长室 A、C 立面净长：3.33m；B、D 立面净长：5.804m；A 立面有一樘窗，尺寸为：2.95m×1.8m；C 立面有一樘 M-4，尺寸为：0.9m×2.1m；室内净高：3m，踢脚线高：0.08m。

◆ 查看图 P-02 天花布置图，可知行长室天棚跌级部分净长：4.605m；净宽：2.13m。

2. 工程量清单编制

（1）行长室墙面壁纸工程量清单编制

2–20

◆ 项目编码：011408001001

◆ 项目名称：墙纸裱糊

◆ 项目特征：

A. 贴米色墙纸面层；

B. 满刮 2mm 厚面层耐水腻子找平。

【注】项目特征描述参考本地建筑物用料做法。

◆ 计量单位：m^2

◆ 计算规则：按设计图示尺寸以面积计算。

◆ 计算结果：46.21m^2

◆ 计算过程：

（5.804+3.33）×2×3-0.9×2.1-2.95×1.8-（5.804×2+3.33×2-0.9）×0.08=46.21m²

（2）行长室天棚乳胶漆工程量清单编制

◆ 项目编码：011407002001

◆ 项目名称：天棚喷刷涂料

◆ 项目特征：

A. 白色乳胶漆两道；

B. 满刮 2 厚面层大白粉腻子找平，面板接缝处贴嵌缝带，刮腻子抹平；

C. 满刮防潮涂料两道，横纵向各刷一道。

◆ 计量单位：m²

◆ 计算规则：按设计图示尺寸以面积计算。

◆ 计算结果：23.37m²

◆ 计算过程：

5.804×3.33+（4.605+2.13）×2×0.3=23.37m²

【注】项目特征描述参考本地建筑物用料做法。

3. 工程量清单编制实例

工程量清单编制标准格式，见表 2-49。

油漆、涂料、裱糊的工程量清单　　　　　　　　　　表 2-49

序号	项目编码	项目名称	项目特征	计量单位	工程数量
1	011407002001	天棚喷刷涂料	1. 白色乳胶漆两道 2. 满刮 2mm 厚面层大白粉腻子找平，面板接缝处贴嵌缝带，刮腻子抹平 3. 满刮防潮涂料两道，横纵向各刷一道	m²	23.37
2	011408001001	墙纸裱糊	1. 贴米色墙纸面层 2. 满刮 2mm 厚面层耐水腻子找平	m²	46.21

2-21

4. 工料分析

（1）乳胶漆抹灰面，见表2-50。

工料分析表　　　　　　　　　　　　　　　表2-50

工程名称：某银行装饰工程　　　　　　　　　　　　　　　第 1 页　共　　页

子目名称		乳胶漆抹灰面两遍	计量单位	100m²	定额量	0.23
定额编号		10-1331				
名称		单位	定额用量	合计用量	备注	
人工	综合工日	工日	11.200	2.576		
材料	羧甲基纤维素	kg	1.200	0.276		
	滑石粉	kg	13.860	3.188		
	大白粉	kg	52.800	12.144		
	乳胶漆	kg	28.350	6.521		
	聚醋酸乙烯乳液	kg	6.000	1.380		
	石膏粉	kg	2.050	0.472		
	豆包布（白布）0.9m 宽	m	0.180	0.041		
	砂纸	张	6.000	1.380		

（2）墙面贴装饰墙纸，见表2-51。

工料分析表　　　　　　　　　　　　　　　表2-51

工程名称：某银行装饰工程　　　　　　　　　　　　　　　第 1 页　共　　页

子目名称		墙面贴装饰墙纸（不对花）	计量单位	100m²	定额量	0.46
定额编号		10-1459				
名称		单位	定额用量	合计用量	备注	
人工	综合工日	工日	20.400	9.384		
材料	羧甲基纤维素	kg	1.650	0.759		
	大白粉	kg	23.500	10.810		
	酚醛清漆	kg	7.000	3.220		
	油漆溶剂油	kg	3.000	1.380		
	聚醋酸乙烯乳液	kg	25.100	11.546		
	墙纸	m²	110.000	50.600		

5. 定额基价计算实例

（1）乳胶漆抹灰面，见表 2-52。

定额基价计算表　　　　　　　　　　　　　　表 2-52

工程名称：某银行装饰工程　　　　　　　　　　　第 1 页　共　　页

子目名称		乳胶漆抹灰面两遍		计量单位		100m²
定额编号		10-1331				
定额基价		1406.40				
其中：人工费（元）		964.32				
材料费（元）		442.08				
机械费（元）		0				
名称		单位	定额用量	定额单价	定额基价	备注
人工	综合工日	工日	11.200	86.10	964.32	
材料	羧甲基纤维素	kg	1.200	7.00	8.40	
	滑石粉	kg	13.860	0.40	5.54	
	大白粉	kg	52.800	0.26	13.73	
	乳胶漆	kg	28.350	11.66	330.56	
	聚醋酸乙烯乳液	kg	6.000	13.21	79.26	
	石膏粉	kg	2.050	0.60	1.23	
	豆包布（白布）0.9m 宽	m	0.180	2.00	0.36	
	砂纸	张	6.000	0.50	3.00	

（2）墙面贴装饰墙纸，见表 2-53。

定额基价计算表　　　　　　　　　　　　　　表 2-53

工程名称：某银行装饰工程　　　　　　　　　　　第 1 页　共　　页

子目名称	墙面贴装饰墙纸（不对花）	计量单位	100m²
定额编号	10-1459		
定额基价	5759.46		
其中：人工费（元）	1756.44		

续表

			材料费（元）		4003.02	
			机械费（元）		0	
	名称	单位	定额用量	定额单价	定额基价	备注
人工	综合工日	工日	20.400	86.10	1756.44	
材料	羧甲基纤维素	kg	1.650	7.00	11.55	
	大白粉	kg	23.500	0.26	6.11	
	酚醛清漆	kg	7.000	14.48	101.36	
	油漆溶剂油	kg	3.000	10.81	32.43	
	聚醋酸乙烯乳液	kg	25.100	13.21	331.57	
	墙纸	m^2	110.000	32.00	3520.00	

6. 直接工程费计算实例

直接工程费计算，见表2-54。

直接工程费计算表　　　　　　　　　　　　　　　表2-54

工程名称：某银行装饰工程　　　　　　　　　　　第1页　共　　页

序号	定额编号	子目名称	工程量		价值（元）		其中（元）		
			单位	数量	单价	合价	人工费	材料费	机械费
1	10-1331	乳胶漆抹灰面两遍	$100m^2$	0.23	1406.40	323.47	221.79	101.68	0
2	10-1459	墙面贴装饰墙纸（不对花）	$100m^2$	0.46	5759.46	2649.35	807.96	1841.39	0

2.6.3　学习提醒

【学习提醒】

掌握跌级天棚乳胶漆清单工程量的计算。

【解释】

天棚喷刷涂料清单工程量的计算规则是按设计图示尺寸以面积计算。如果是跌级天棚或艺术造型天棚等，展开面积要并入。

2.6.4 实践活动

【计算题】

（1）完成等候区天棚乳胶漆的工程量清单的编制，见表 2-55。

等候区天棚的工程量清单   表 2-55

序号	项目编码	项目名称	项目特征	计量单位	工程数量

（2）完成等候区天棚乳胶漆的工料分析，见表 2-56。

工料分析表   表 2-56

工程名称：某银行装饰工程   第 1 页　共　　页

子目名称			计量单位		定额量	
定额编号						
名称		单位	定额用量	合计用量		备注
人工						
材料						
机械						

（3）完成等候区天棚乳胶漆的定额基价计算，见表 2-57。

定额基价计算表　　　　　　　　表 2-57

工程名称：某银行装饰工程　　　　　　　　　第 1 页　共　　页

子目名称			计量单位	
定额编号				
定额基价				
其中：人工费（元）				
材料费（元）				
机械费（元）				
名称	单位	定额用量	定额单价	定额基价	备注
人工					
材料					
机械					

（4）完成等候区天棚乳胶漆直接工程费的计算，见表 2-58。

直接工程费计算表　　　　　　　　表 2-58

工程名称：某银行装饰工程　　　　　　　　　第 1 页　共　　页

序号	定额编号	子目名称	工程量		价值（元）		其中（元）		
			单位	数量	单价	合价	人工费	材料费	机械费

2.6.5 教学评价

教学活动的评价内容与标准，见表2-59。

教学评价内容与标准   表2-59

评价内容	指标	项目	评价标准	个人评价	小组评价	教师评价	综合评价
专业能力评价	知识技能	油漆、涂料、裱糊工程施工图纸认读					
		油漆、涂料、裱糊工程清单编制					
		油漆、涂料、裱糊工程工料分析					
		油漆、涂料、裱糊工程直接工程费计算					
社会能力评价	情感态度	出勤、纪律					
		态度					
	参与合作	互动交流					
		协作精神					
	语言知识技能	口语表达					
		语言组织					
方法能力评价	方法能力	学习能力					
		收集和处理信息					
		创新精神					
评价合计							

注：评价标准可按5分制、百分制、五级制等形式，教师可根据具体情况实施。

2.6.6 知识链接

实践活动答案

2-22

任务 7　其他装饰工程的计量与计价

2.7.1　情景描述

【教学活动场景】

　　教学活动需要提供某银行营业大厅的装饰工程施工图纸、《建设工程工程量清单计价规范》GB 50500-2013、《房屋建筑与装饰工程工程量计算规范》GB 50854-2013、《建筑装饰工程消耗量定额》《建筑装饰工程价目表》；学生准备好 16 开的硬皮本、自动铅笔、计算器、橡皮、直尺、签字笔等工具。

【学习目标】

掌握复杂建筑装饰施工图纸的识读；掌握复杂其他装饰工程量清单的编制和工料分析及直接工程费的计算。

【关键概念】

直接工程费的计算。

【学习成果】

学会编制复杂的其他装饰工程量清单并能够计算该分项工程的直接工程费。

2.7.2　任务实施

【复习巩固】

1. 抹灰面油漆、墙面及天棚喷刷涂料、墙纸裱糊等工程的计量单位和计算规则是什么？

【解释】这些工程的计量单位：均为 m^2

计算规则为：按设计图示尺寸以面积计算。

2. 工料分析计算哪些量？直接工程费计算哪些价？

【解释】工料分析计算：人工数量、材料数量和机械数量。

直接工程费包括：人工费、材料费和机械费。

3. 平面天棚涂料和跌级天棚涂料清单工程量计算是否有区别？

【解释】天棚喷刷涂料清单工程量的计算规则是按设计图示尺寸以面积计算。平面天棚涂料清单工程量计算天棚平面的面积；跌级天棚除了计算天棚平面面积以外，跌级部分要计算展开面积并入平面面积中。

【引入新课】

> 在项目一里，已经学会了简单的其他装饰工程量清单的编制，同时学习了其他装饰工程的工料分析和直接工程费的计算，这节课将运用较为复杂的装饰施工图纸，编制较为复杂的其他装饰工程量清单，并进行工料分析和直接工程费的计算，本节课以同学们自己动手练习为主。

1. 识读图纸

读图内容

◆ 查找某银行装修图纸中其他装饰工程的相应图例

银行在我们生活中是大家都比较熟悉的，它是我们生活必不可少的一部分，同学们先回想一下项目一里学过的其他装饰工程都包含哪些内容，然后再默想一下银行里都会有哪些其他装饰工程。

首先在 SM-01 设计说明里，看右下角"四、其他"，第 3 条和第 6 条，找到我们需要的其他装饰工程：窗帘、窗帘盒、遮光帘。

其他装饰工程一般都是零碎的小工程，需要在立面图或者详图里去找。找到 E-02 图，在上部看到"某某银行"几个大字，属于其他装饰工程的美术字，材质泡沫塑料。然后找到 E-04 图，看到卫生间里有大理石洗漱台一个，单孔。

◆ 确定需要编制的清单内容

A. 窗帘

B. 窗帘盒

C. 遮光帘

D. 大理石洗漱台

E. 美术字

2. 工程量清单编制

（1）清单编制说明

◆ 窗帘为卷帘，项目编码为 010810001001，遮光帘也是窗帘的一种，与卷帘相比只是材质不同，施工工艺相同，项目编码为 010810001002。

◆ 窗帘盒为暗装，暗装需要考虑与吊顶接槎部位的处理。

（2）项目编码

010810001001——卷帘

010810001002——遮光帘

011505001001——洗漱台

010810003001——木质窗帘盒

011508001001——美术字

（3）计量单位

窗帘的计量单位为"m"或者"m²"，本教材中采用"m²"；

洗漱台计量单位为个或者"m²"，本教材中采用个为计量单位；

窗帘盒的计量单位为"m"；

美术字计量单位为个。

（4）计算规则

◆ 窗帘以 m 计量，按设计图示尺寸以成活后长度计算；

以平方米计量，按图示尺寸以成活后的展开面积计算。

◆ 洗漱台以平方米计量时，按设计图示尺寸以台面外接矩形面积计算，不扣除孔洞、挖弯、削角所占面积，挡板、吊沿板面积并入台面面积内；

以个计量，按设计图示数量计量，本教材中采用个为计量单位。

◆ 窗帘盒以"m"计量，按设计图示以长度计算。

◆ 美术字以个计量，按设计图示数量计算。

（5）工程量清单实例

同学们自己编制银行装修图中的几个其他装饰工程清单，填在表 2–60 中。

工程量清单 　　　　　　　　　　　　　　　　　　　表 2–60

项目编码	项目名称	项目特征	计量单位	工程数量

3. 工料分析

工料分析是对完成每个清单项目所需用的人工、材料进行分析，以便编制材料采购计划及劳动力安排。以窗帘为例，讲述如何用消耗量定额进行工料分析。

$$清单消耗数量 = 定额消耗数量 \times 清单工程量$$

（1）美术字制作安装

工作内容：复制字、字样排列、凿墙眼、斩木楔、拼装字样、成品矫正、安装、清理等全部操作过程。

某银行装修工程消耗量定额，见表 2–61。

消耗量定额 　　　　　　　　　　　　　　　　　　　表 2–61

工程名称：某银行装修工程 　　　　　　　　　　　　　第 1 页　共　　页

项目编码：011508001001

项目名称：美术字		单位	个	工程数量	4
序号	编号	名称	单位	定额消耗数量	清单消耗数量
1		人工费	元		
	R00003	综合工日（装饰）	工日	0.4715	1.886
2		材料费	元		

续表

序号	编号	名称	单位	定额消耗数量	清单消耗数量
	C00962	泡沫塑料有机玻璃字 400mm×400mm	个	1.01	4.04
	C00573	胶 202 FSC-2	kg	0.0235	0.094
	C00972	膨胀螺栓 M8×80	套	2.02	8.08
	C01266	铁钉	kg	0.0241	0.0964
	C01002	其他材料费（占材料费 %）	元	0.066	0.264
3		机械费	元		
	J15014	电锤（小功率）520W	台班	0.0253	0.1012

注：1. 不同地区的消耗量定额存在一定差异；

2. 编号中 R 代表人工、C 代表材料、J 代表机械，编号下的编码由不同地区自行实施分类。

（2）工料分析

请同学们自己查找消耗量定额，对剩余的其他装饰项目清单进行工料分析（可以在准备的 16 开硬皮本上完成）：

4. 直接工程费计算

我们在项目一里已经学习直接工程费的组成以及计算方法。

直接工程费由人工费、材料费和施工机械使用费组成：

直接工程费 = 人工消耗量 × 人工的定额单价 × 定额工程量

+ ∑（材料消耗量 × 材料的定额单价 × 定额工程量）

+ ∑（机械消耗量 × 机械台班的定额单价 × 定额工程量）

根据分项工程的名称、规格、计量单位与消耗量定额及价目表中所列内容完全一致时可直接套用，形成完成该分项工程的直接工程费；

如分项工程中主要材料品种、定额单价与消耗量定额规定的主要材料不一致时，不可直接套用消耗量定额，需要按实际使用材料价格换算预算单价；

分项工程不能直接套用定额的、不能换算和调整的，应编制补充估计表，或者按该分项工程的市场成活价直接计入。

美术字直接工程费分析，见表 2-62。

美术字直接工程费分析　　　　　　　　　　　　　表 2-62

工程名称：银行装修工程

项目编码：011508001001

项目名称：美术字		单位	个	工程数量		4
序号	编号	名称	定额消耗数量	清单消耗数量	定额单价	清单合价
1		人工费				162.38
	R00003	综合工日（装饰）	0.4715	1.886	86.10	162.38
2		材料费				89.68
	C00962	泡沫塑料有机玻璃字 400mm×400mm	1.01	4.04	20.00	80.8
	C00573	胶 202 FSC-2	0.0235	0.094	7.53	0.71
	C00972	膨胀螺栓 M8×80	2.02	8.08	0.92	7.43
	C01266	铁钉	0.0241	0.0964	4.98	0.48
	C01002	其他材料费（占材料费 %）	0.066	0.264	1.00	0.264
3		机械费				0.94
	J15014	电锤（小功率）520W	0.0253	0.1012	9.31	0.94
4		直接工程费				253.00

2.7.3　学习支持

【相关知识】

《建设工程工程量清单计价规范》GB 50500-2013；

《房屋建筑与装饰工程工程量计算规范》GB 50854-2013；

《建筑装饰工程消耗量定额》和《建筑装饰工程价目表》；

综合单价。

1.《消耗量定额》简介

（1）消耗量定额的组成与排列

消耗量定额一般是按照工程种类不同，以分部工程分章
编制，每一章又按产品技术规格不同、施工方法不同等分列

2-23

很多定额项目。整个预算定额一般是由总说明、分章定额和附录等组成。

◆ 总说明：介绍了该定额的编制依据、编制水平、定额的适用范围、已考虑和未考虑的因素、定额换算的原则、各分部工程共性问题的统一规定，建筑面积的计算规则、也指出了应用中应注意的事项。因此，使用前应首先了解和掌握总说明。

◆ 各章定额

◆ 附录

（2）各章的组成

《消耗量定额》各章由章说明、工程量计算规则、附表和定额表等组成：

◆ 说明：介绍了本章定额包括的主要项目、有关规定、定额的换算方法等内容。

◆ 工程量计算规则：主要介绍了各个项目的工程量计算规则，是正确计算各分项工程量的统一尺度。

◆ 附表：工程量计算和定额换算的用表。

◆ 定额表：一般由工作内容、计量单位和项目表组成。

A. 工作内容扼要说明主要工序的施工操作过程，次要工序不一定全部列出，但定额中均已做了考虑。工作内容是正确划分项目的基本依据。

B. 计量单位：在表格的右上角，一般采用扩大量单位。

C. 项目表：包括定额编号、项目名称和数量标准。

（3）项目表

◆ 定额的编号

A. 作用：编制预算时，查阅、自检、审查时方便之用，套用定额时必须写明定额编号。

B. 编号方法：①三级编号：章—节—子目；②二级编号：章—子目。

◆ 项目名称：子目名称一般为分项工程

◆ 数量标准（定额消耗量）：

A. 人工：综合工日数量。

B. 材料：主要材料消耗量和其他材料费。

C. 机械：机械台班消耗量。

（4）消耗量定额的作用和适用范围

◆ 《消耗量定额》的作用：

A. 是编制施工图预算，确定工程造价和编制标底的依据；

B. 是施工单位编制报价的参考依据和结算的重要参考依据；

C. 是编制概算定额、单位估价表的依据，也是施工企业编制企业定额的基础。

◆ 《消耗量定额》适用范围：

A. 与工程量清单计价规则价目表配合使用；

B. 适用于新建、扩建、改建的建筑工程、装饰装修工程，不适用于修缮工程。

（5）《消耗量定额》的主要特点

◆ 实现了"量""价"完全分离，子目中只有消耗量没有价。通过市场价格及计价费率经计算机运算组成工料单价或综合单价，由此形成工程造价。

◆ 重新分类和划分定额项目，调整工程量计算规则，是其与《工程量清单计价规则》相适应。

◆ 各章说明突出指导性、参考性，弱化其规定性，使消耗量定额逐步向参照性过渡。

◆ 绝大部分定额子目为单项定额，不再综合其他工作内容。

◆ 在表现形式上把原来定额各章说明中的"工程内容"和"工作内容"放在各个子目表的上方，便于查阅。

2. 综合单价的含义

我国的工程量清单采用综合单价计价，综合单价是指完成一个规定清单项所需的人工费、材料和工程设备费、施工机具使用费和企业管理费、利润以及一定范围内的风险费用。

"综合单价"的含义如下：

（1）完成每个分项工程所含全部工作内容的费用；

（2）完成每项工作内容所需的全部费用（规费、税金除外）；

（3）考虑一定范围内的风险因素而增加的费用。

风险的含义不要只理解为材料价格的变化,应是广义的,包括了组成综合单价的全部内容,既可综合考虑,也可分项考虑。考虑的范围和幅度应以招标文件的规定为准计算有限度的风险,风险计入要素的费用中。

因此,工程量清单计价包括单位工程造价计价和综合单价计价。难点是分部分项工程综合单价计价。综合单价不但适用于分部分项工程量清单,也适用于措施项目清单、其他项目清单。

3. 综合单价的计算

综合单价的计算不是简单地将其含的各项费用进行汇总,而是要通过具体的计算综合而成。具体如下:

(1)首先计算清单项目的人、料、机总费用

$$人材机费用 = \sum 计价工程量 \times (\sum 人工消耗量 \times 人工单价 + \sum 材料消耗量 \times 材料单价 + \sum 台班消耗量 \times 单价)$$

(2)计算清单项目的管理费和利润

管理费和利润通常根据各地区规定的费率乘以规定的计价基础得出,通常计算公式如下:

$$管理费 = 人、料、机总费用 \times 管理费费率$$

$$利润 = (人、料、机总费用 + 管理费) \times 利润率$$

(3)计算清单项目的综合单价

将清单项目的人、料、机总费用、管理费及利润汇总得到该清单项目的合价,将合价除以清单工程量就得到该清单项目的综合单价。

$$综合单价 = (人、料、机总费用 + 管理费 + 利润) / 清单工程量$$

4. 措施项目清单

(1)措施项目的内涵

建设工程施工中除了构成建筑物实体本身投入的要素费用以外,还存在施工企业管理水平、施工现场情况以及保证顺利实施完成该项目而发生于该

工程施工前和施工过程中技术、安全、生活等方面的非工程实体项目，统称为措施项目。

（2）措施项目类别

措施项目清单是指由发生于工程施工前和施工过程中不构成工程实体的项目组成，分为通用项目和专业项目。

措施项目清单的编制应考虑多种因数，编制时力求全面。除工程本身因数外，还涉及水文、气象、环境、安全和施工企业的实际情况等。为此，《计价规则》提供了"通用措施项目一览表"和"专业工程措施项目"，作为措施项目列项的参考。

"通用措施项目一览表"所列内容是指各专业工程（建筑、装饰、管道、电气等）的"措施项目清单"中均可列的措施项目。附录中的"专业工程措施项目"中所列的内容，是指相应专业的"措施项目清单"中可列的措施项目，根据具体情况进行选择列项。

影响措施项目设置的因数太多，"通用措施项目一览表"和"专业工程措施项目"中不能一一列出，因情况不同，出现表中未列的措施项目，清单编制人可补充。补充项目应列在清单项目最后，并在"序号"栏中以"补"字表示。

（3）措施项目费的计算

措施项目费是指为完成该工程措施项目清单施工必须采取的措施所需要的费用总和。措施项目清单计价常用公式参数法计价和定额法计价。

◆ 公式参数法计价就是按一定的基数乘以费率计算：

$$措施项目费 = 分部分项工程费用 \times 费率$$

◆ 定额法计价与分部分项综合单价的计算方法一样：

$$措施项目费 = 措施项目清单工程量 \times 综合单价$$

主要是指一些与实体有密切联系的项目，如模板、脚手架、垂直运输及超高降效、机械进出场、施工排水、深基坑防护等。

2.7.4　学习提醒

【学习提醒】

（1）对复杂的其他装饰工程，需注意图纸中的项目特征（或业主的要求）与本地消耗量定额中的工作内容、材料等是否完全一致，如果一致可以直接套用定额进行工料分析，如果工作内容或者材料不一致，要根据实际的施工工艺进行换算。

（2）计算其他装饰工程的工料分析时，可以直接用定额消耗量乘以清单工程量后简化得出，不用一一计算，用在材料采购计划时，注意材料的规格，需将分析出的材料数量根据实际采购的规格再次换算，例如：600mm×600mm地砖计算需要25.88m^2，采购时要考虑定额损耗，并换算成块数后取整计算，用25.88×（1+2%）/（0.6×0.6）=73.33块（假定定额中地砖损耗为2%），材料计划就需要计划74块。

（3）其他装饰工程直接工程费的计算时需注意外购成品的运输费用，实际采购中很多装饰材料尤其是成品成套材料都不包含运输费用。

2.7.5　实践活动

【课后讨论】

（1）同学们自己计算行长室窗帘盒的直接工程费，填入表2-63。

木质窗帘盒直接工程费分析　　　　　　　　　表2-63

工程名称：银行装修工程

项目编码：010810003001

项目名称：木质卷帘盒		单位		工程数量		
序号	编号	名称	定额消耗数量	清单消耗数量	定额单价	清单合价
1		人工费				
		综合工日（装饰）				
2		材料费				

续表

序号	编号	名称	定额消耗数量	清单消耗数量	定额单价	清单合价
3		机械费				
4		直接工程费				

（2）试计算 2.7.2 中美术字的综合单价，假设管理费费率为 5%，利润的费率为 2%。

【判断题】

1.（   ）洗漱台以平方米计量时，按实际尺寸计算面积。

2.（   ）分项工程的名称、规格、计量单位与消耗量定额及价目表中所列内容完全一致时可直接套用定额。

3.（   ）综合单价只适合用于分部分项工程量清单。

4.（   ）措施项目清单计价常用公式参数法和定额法计价。

2.7.6 活动评价

教学活动的评价内容与标准，见表 2-64。

教学评价内容与标准   表 2-64

评价内容	指标	项目	评价标准	个人评价	小组评价	教师评价	综合评价
专业能力评价	知识技能	施工图识读					
		清单完成情况					
		工料分析情况					
		实践活动情况					

续表

评价内容	指标	项目	评价标准	个人评价	小组评价	教师评价	综合评价
社会能力评价	情感态度	出勤纪律					
		态度					
	参与合作	互动交流					
		协作精神					
	语言知识技能	口语表达					
		语言组织					
方法能力评价	方法能力	学习能力					
		收集和处理信息					
		创新精神					
评价合计							

注：评价标准可按 5 分制，百分制，五级制等形式，教师可根据具体情况实施。

2.7.7　知识链接

1. 定额列表

2. 实践活动答案

2-24

任务 8　措施项目的计量

2.8.1　情景描述

【教学活动场景】

教学活动需要依据某银行营业大厅装饰工程施工图纸、《建设工程工程量清单计价规范》GB 50500－2013、《房屋建筑与装饰工程工程量计算规范》GB 50854－2013；学生准备好 16 开的硬皮本、自动铅笔、多功能计算器、橡皮、直尺、签字笔等工具。

【学习目标】

掌握措施项目的概念、措施项目的内容；掌握措施项目清单的编制。

【关键概念】

措施项目。

【学习成果】

学会编制措施项目工程量清单。

2.8.2　任务实施

【复习巩固】

（1）一项分部分项工程量清单的组成内容是什么？

【解释】分部分项工程量清单由项目编码、项目名称、项目特征、计量单位和工程数量五项内容组成。

（2）分部分项工程与措施项目的根本区别是什么？

【解释】分部分项工程为实体项目，措施项目为非实体项目。

【引入新课】

我们在"课程调研"及"项目一"的教学过程中提及"措施项目"，但未进行深入的学习，本节主要学习任务就是措施项目的计量。

2—25

1. 措施项目的概念

（1）措施项目的定义

为完成工程项目施工，发生于该工程施工准备和施工过程中的技术、生活、安全、环境保护等方面的项目。

（2）措施项目的内容

措施项目的类别及内容，见表 2-65。

措施项目的类别及内容表　　　　　　　　　　　　　　　　表 2-65

类别	措施项目的内容	备注
一	脚手架工程 包括：1）综合脚手架；2）外脚手架；3）里脚手架；4）悬空脚手架；5）挑脚手架；6）满堂脚手架；7）整体提升架；8）外装饰吊篮	
二	混凝土模板及支架（撑） 包括：1）基础；2）矩形柱；3）构造柱；4）异形柱；5）基础梁；6）矩形梁；7）异形梁；8）圈梁；9）过梁；10）弧形、拱形梁；11）直形墙；12）弧形墙；13）短肢剪力墙、电梯井壁；14）有梁板；15）无梁板；16）平板；17）拱板；18）薄壳板；19）空心板；20）其他板；21）栏板；22）天沟、檐沟；23）雨篷、悬挑板、阳台板；24）楼梯；25）其他现浇构件；26）电缆沟、地沟；27）台阶；28）扶手；29）散水；30）后浇带；31）化粪池；32）检查井	装饰工程一般不涉及这些项
三	垂直运输	
四	超高施工增加	
五	大型机械设备进出场及安拆	
六	施工排水、降水 包括：1）成井；2）排水、降水	
七	安全文明施工及其他措施项目 包括：1）安全文明施工；2）夜间施工；3）非夜间施工照明；4）二次搬运；5）冬雨期施工；6）地上、地下设施、建筑物的临时保护设施；7）已完工程及设备保护	

（3）措施项目清单编制的规定

◆　措施项目清单必须根据相关工程现行国家计量规范的规定编制。

◆　措施项目清单应根据拟建工程的实际情况列项。

◆ 措施项目中列出了项目编码、项目名称、项目特征、计量单位、工程量计算规则的项目，编制工程量清单时，应按照《房屋建筑与装饰工程工程量计算规范》GB 50854－2013 分部分项工程的规定执行。

◆ 措施项目中仅列出项目编码、项目名称，未列出项目特征、计量单位和工程量计算规则的项目，编制工程量清单时，应按《房屋建筑与装饰工程工程量计算规范》GB 50854－2013 附录 S 措施项目规定的项目编码、项目名称确定。

2. 措施项目清单编制

按照给定条件完成措施项目清单的编制：

（1）给定条件

◆ 某银行租用某写字楼的底层作为营业场所，该楼层层高 4.5m，室内外高差 0.45m，建筑面积为 448.29m^2；

2-26

◆ 由某省级建筑装饰公司进行室内和室外的二次装修；需要夜间施工；白天施工时阴暗处需要照明；需要对已完工程及设备进行保护。

（2）措施项目清单编制

完成的措施项目清单，见表 2-66。

2-27

措施项目清单   表 2-66

序号	项目编码	项目名称	项目特征	计量单位	工程数量

2.8.3 学习支持

【相关知识】

措施项目计价要求；
安全文明施工费的支付要求。

措施项目的相关规定

（1）措施项目计价要求

◆ 工程量清单应采用综合单价计价。

◆ 措施项目中的安全文明施工费必须按国家或省级、行业建设主管部门的规定计算，不得作为竞争性费用。

◆ 编制招标控制价时，措施项目中的总价项目应根据拟定的招标文件和常规施工方案按上述1）条和2）条的规定计价。

◆ 编制投标报价时，措施项目中的总价项目金额应根据招标文件及投标时拟定的施工组织或施工方案，按上述1）条的规定自主确定。其中安全文明施工费应按照上述2）条的规定确定。

◆ 竣工结算时，措施项目中的总价项目应依据已标价工程量清单的项目和金额计算；发生调整的，应以发承包双方确认调整的金额计算，其中安全文明施工费应按照上述2）条的规定确定。

（2）安全文明施工费支付要求

◆ 安全文明施工费包括的内容和使用范围，应符合国家有关文件和计量规范的规定。

◆ 发包人应在工程开工后的28天内，预付不低于当年施工进度计划的安全文明施工费总额的60%，其余部分应按照提前安排的原则进行分解，并应与进度款同期支付。

◆ 发包人没有按时支付安全文明施工费的，承包人可催告发包人支付；发包人在付款期满后的7天内仍未支付的，若发生安全事故，发包人应承担相应责任。

◆ 承包人对安全文明施工费应专款专用，在财务账目中应单独列项备查，不得挪作他用，否则发包人有权要求其限期改正；逾期未改正的，造成的损失和延误的工期，应由承包人承担。

2.8.4　学习提醒

【学习提醒】

（1）措施项目清单可以补充。

【解释】措施项目清单的编制需考虑多种因素，除工程本身的因素外，还涉及水文、气象、环境、安全等因素。由于影响措施项目设置的因素太多，计量规范不可能将施工中可能出现的措施项目一一列出。在编制措施项目清单时，因工程情况不同，出现计量规范附录中未列的措施项目，可根据工程的具体情况对措施项目清单作补充。

（2）计量规范将措施项目划分为两大类别。

【解释】计量规范将措施项目划分两类项目为：

◆　总价项目——即不能计算工程量的项目，如文明施工和安全防护、临时设施等，就以"项"计价；

◆　单价项目——即可以计算工程量的项目，如脚手架、降水工程等，就以"量"计价，更有利于措施费的确定和调整。

（3）以下项目不能作为竞争性费用。

【解释】不能作为竞争性费用的有：

◆　安全文明施工费；

◆　规费；

◆　税金。

2.8.5　实践活动

【单项选择题】

1. 发包人应在工程开工后的（　　　　）天内预付不低于当年施工进度计划的安全文明施工费总额的 60%。

  A. 7   B. 14   C. 28   D. 60

2. 不属于措施项目中的总价项目的选项是（　　　　）。

    A. 安全文明施工　　　　　　　　　　B. 二次搬运

    C. 冬雨期施工　　　　　　　　　　　D. 满堂脚手架

3. 不属于措施项目的选项是（　　　　）。

    A. 脚手架工程　　　　　　　　　　　B. 混凝土模板

    C. 施工排水、降水　　　　　　　　　D. 钢筋工程

4. 不属于安全文明施工的是（　　　　）。

    A. 环境保护　　B. 夜间施工　　C. 安全施工　　D. 临时设施

【多项选择题】

1. 属于措施项目中的总价项目的选项是（　　　　）。

    A. 安全文明施工　　　　　　　　　　B. 二次搬运

    C. 冬雨期施工　　　　　　　　　　　D. 夜间施工

2. 属于措施项目中的单价项目的选项是（　　　　）。

    A. 垂直运输　　　　　　　　　　　　B. 里脚手架

    C. 楼梯混凝土模板　　　　　　　　　D. 安全文明施工

3. 不能作为竞争性费用的有（　　　　）。

    A. 安全文明施工费　　　　　　　　　B. 材料费

    C. 规费　　　　　　　　　　　　　　D. 税金

4. 属于措施项目的是（　　　　）。

    A. 外脚手架　　　　　　　　　　　　B. 里脚手架

    C. 满堂脚手架　　　　　　　　　　　D. 外装饰吊篮

【判断题】

1.（　　　　）在编制措施项目清单时，因工程情况不同，出现计量规范附录中未列的措施项目，可根据工程的具体情况对措施项目清单作补充。

2.（　　　　）承包人对安全文明施工费应专款专用，在财务账目中应单独列项备查，不得挪作他用。

3.（　　　　）发包人在安全文明施工费付款期满后的 21 天内仍未支付的，若发生安全事故，发包人应承担相应责任。

【清单编制】

按照给定条件完成措施项目清单的编制：

（1）某快捷酒店租用某写字楼的 29 层作为酒店场所，主体结构已全部完成，室内电梯已安装并验收交付使用，该酒店层高均为 2.90m，该楼层的建筑面积均为 819.66 m²。

（2）由某省级建筑装饰公司进行室内的二次装修；不能进行夜间施工；白天施工时阴暗处需要照明；需要对已完工程及设备进行保护。

编制的措施项目清单，见表 2-67。

措施项目清单   表 2-67

序号	项目编码	项目名称	项目特征	计量单位	工程数量

2.8.6 教学评价

教学活动的评价内容与标准，见表 2-68。

教学评价内容与标准   表 2-68

评价内容	指标	项目	评价标准	个人评价	小组评价	教师评价	综合评价
专业能力评价	知识技能	措施项目概念的理解					
		措施项目清单内容的理解					
		混凝土模板及支架项目的了解					
		实践活动情况					

续表

评价内容	指标	项目	评价标准	个人评价	小组评价	教师评价	综合评价
社会能力评价	情感态度	出勤、纪律					
		态度					
	参与合作	互动交流					
		协作精神					
	语言知识技能	口语表达					
		语言组织					
方法能力评价	方法能力	学习能力					
		收集和处理信息					
		创新精神					
评价合计							

注：评价标准可按 5 分制、百分制、五级制等形式，教师可根据具体情况实施。

2.8.7 知识链接

1. 措施项目清单的原文

2. 实践活动答案

2-28

任务9 装饰工程计价

2.9.1 情景描述

【教学活动场景】

《建设工程工程量清单计价规范》GB 50500–2013、《房屋建筑与装饰工程工程量计算规范》GB 50854–2013、《建筑装饰工程消耗量定额》《建筑装饰工程价目表》；学生准备好 16 开的硬皮本、自动铅笔、计算器、橡皮、直尺、签字笔等工具。

【学习目标】

了解工程量清单计价的概念；熟悉清单计价的编制依据、内容、程序、方法以及应该注意的问题；掌握综合单价的计算。

【关键概念】

工程量清单计价；综合单价。

【学习成果】

学会装饰工程量清单的计价程序并能够进行计算综合单价。

2.9.2　任务实施

【复习巩固】

（1）脚手架工程含有哪些内容？

【解释】脚手架工程包括：综合脚手架、外脚手架、里脚手架、悬空脚手架、挑脚手架、满堂脚手架、整体提升架及外装饰吊篮等。

（2）安全文明施工及其他措施项目含有哪些内容？

【解释】安全文明施工及其他措施项目含有：安全文明施工，夜间施工，非夜间施工照明，二次搬运，冬雨期施工，地上、地下设施、建筑物的临时保护设施，已完工程及设备保护等。

【引入新课】

前面几章学习了装饰工程量清单的编制，并会计算工料分析和直接工程费，这节课我们来学习装饰工程的计价。首先要了解工程量清单计价的概念，然后是工程量清单计价的编制依据和编制内容和程序，熟悉工程量清单计价编制的一般规定，掌握分部分项工程量清单计价表的编制。

1. 工程量清单计价的概念

工程量清单是一种主要由市场定价的计价模式，按照《建设工程工程量清单计价规范》GB 50500-2013 的有关规定，工程量清单计价是指招标人公开提供工程量清单，投标人自主报价或招标人编制招标控制价（最高限价）及双方签订合同价款、工程结算等活动。

2-29

《工程量清单计价规范（规则)》明确规定，依照工程量清单和综合单价法，由市场竞争形成工程造价的计价模式与方法，称为工程量清单计价。按不同用途分为施工图预算、招标控制价、投标价以及工程结算价等。

2. 工程量清单计价的相关规定

（1）使用国有资金投资的建设工程必须采用工程量清单计价；

（2）非国有资金投资的建设工程，宜采用工程量清单计价；

（3）不采用工程量清单计价的建设工程，应执行《建设工程工程量清单计价规范》GB 50500-2013 中除工程量清单等专门性规定以外的其他规定；

（4）工程量清单应采用综合单价计价；

（5）安全文明施工费、规费和税金必须按照国家或者省级、行业建设行政主管部门的规定计算，不得作为竞争性费用。

3. 工程量清单计价编制的依据

工程量清单计价应根据下列依据进行编制

（1）《建设工程工程量清单计价规范》GB 50500-2013；

（2）国家或省级、行业建设行政主管部门颁发的计价办法；

（3）企业定额，国家或省级、行业建设行政主管部门颁发的消耗量定额；

（4）招标文件、工程量清单及其补充通知、答疑纪要；

（5）工程设计文件及有关资料；

（6）施工现场实际情况、工程特点及拟定的施工组织设计或施工方案；

（7）市场价格或者工程造价管理部门发布的工程造价信息；

（8）其他相关资料。

4. 工程量清单计价程序

按照《建设工程工程量清单计价规范》GB 50500-2013 的相关规定，采

2-30

用工程量清单计价，建设工程造价由分部分项工程费、措施项目费、其他项目费、规费和税金组成。工程量清单计价程序，见表2-69。

工程量清单计价程序 表2-69

序号	内容	计算式
1	分部分项工程费	∑（综合单价 × 工程量）＋可能发生的差价
2	措施项目费	∑（综合单价 × 工程量）＋可能发生的差价
3	其他项目费	∑（综合单价 × 工程量）＋可能发生的差价
4	规费	（1+2+3）× 费率
5	税金	（1+2+3+4）× 税率
	工程造价	1+2+3+4+5

编制示例如下：某工程各分部工程造价，见表2-70，已知措施费为3724.11元，招标人暂定金额为10000元，计日工2000元，假定工程所在地的规费和税金费率分别为4.67%和3.48%，请计算该装饰工程的含税工程造价。

某工程各分部工程造价 表2-70

序号	汇总内容	金额（元）	备注
1	分部分项工程费	41533.95	∑分部工程造价
1.1	门窗工程	2113.56	
1.2	楼地面装饰工程	15000.00	
1.3	墙面装饰工程	21358.22	
1.4	其他装饰工程	3062.17	
2	措施项目	3724.11	
3	其他项目费	12000.00	∑其他项目
3.1	暂定金额	10000.00	
3.2	专业工程暂估价		
3.3	计日工	2000.00	

续表

序号	汇总内容	金额（元）	备注
3.4	总承包服务费		
4	规费	2673.95	假定费率4.67%，（1+2+3）×4.67%
5	税金	2085.63	假定费率3.48%，（1+2+3+4）×3.48%
6	含税工程造价	62017.64	1+2+3+4+5

分部分项工程费 1= ∑分部工程造价

=门窗工程费 + 楼地面装饰工程费 + 墙面装饰工程费 + 其他装饰工程费

=2113.56+15000+21358.22+3062.17

=41533.96 元

措施项目费 2 已知 =3724.11 元

其他项目费 3= ∑其他项目 = 暂定金额 + 计日工 =10000+2000=12000.00 元

规费 4=（1+2+3）×4.67%=（41533.96+3724.11+12000）×4.67%=2673.95 元

税金 5=（1+2+3+4）×3.48%

　　　=（41533.96+3724.11+12000+2673.95）×3.48%=2085.63 元

含税工程造价 6=1+2+3+4+5=62017.64 元

5. 基本概念

（1）招标控制价——是指招标人根据国家或省级、行业建设主管部门颁发的有关计价依据和办法，以及拟定的招标文件和招标工程量清单，编制的招标工程的最高限价，也就是招标人在工程招标时能够接受的最高价。

（2）投标价——是指投标人投标时报出的工程造价。

（3）签约合同价——是指发、承包双方在施工合同中约定的，包括了暂列金额、暂估价、计日工的合同总金额。

（4）竣工结算价——是指发、承包双方依据国家有关法律、法规和标准规定，按照合同约定确定的，包括在履行合同过程中按合同约定进行的工程变更、索赔和价款调整，是承包人按合同约定完成了全部承包工作后，发包人应付给承包人的合同总金额。

6. 计价程序

招标控制价、投标价和竣工结算价的计算程序，见表 2-71～表 2-73。

招标人的招标控制价计价程序表　　　　　　表 2-71

序号	内容	计算式	备注
1	分部分项工程费	$\sum$（综合单价 × 工程量）+ 可能发生的差价	按计价规定计算
2	措施项目费	$\sum$（综合单价 × 工程量）+ 可能发生的差价	按计价规定计算
2.1	其中：安全文明施工费		按计价规定计算
3	其他项目费	$\sum$（综合单价 × 工程量）+ 可能发生的差价	按计价规定计算
3.1	暂列金额		按计价规定计算
3.2	专业工程暂估价		按计价规定计算
3.3	计日工		按计价规定计算
3.4	总承包服务费		按计价规定计算
4	规费	(1+2+3) × 费率	按计价规定计算
5	税金	(1+2+3+4) × 税率	按计价规定计算
	招标控制价	1+2+3+4+5	

施工企业投标价的计价程序表　　　　　　表 2-72

序号	内容	计算式	备注
1	分部分项工程费	$\sum$（综合单价 × 工程量）+ 可能发生的差价	自主报价
2	措施项目费	$\sum$（综合单价 × 工程量）+ 可能发生的差价	自主报价
2.1	其中：安全文明施工费		按计价规定计算
3	其他项目费	$\sum$（综合单价 × 工程量）+ 可能发生的差价	按计价规定计算
3.1	暂列金额		按招标文件提供的金额计列
3.2	专业工程暂估价		按招标文件提供的金额计列
3.3	计日工		自主报价
3.4	总承包服务费		自主报价
4	规费	(1+2+3) × 费率	按计价规定计算
5	税金	(1+2+3+4) × 税率	按计价规定计算
	投标报价	1+2+3+4+5	

工程竣工结算计价程序表   表2-73

序号	内容	计算式	备注
1	分部分项工程费	∑（综合单价 × 工程量）+ 可能发生的差价	自主报价
2	措施项目费	∑（综合单价 × 工程量）+ 可能发生的差价	自主报价
2.1	其中：安全文明施工费		按计价规定计算
3	其他项目费	∑（综合单价 × 工程量）+ 可能发生的差价	按计价规定计算
3.1	专业工程结算价		按合同约定计算
3.2	计日工		按计日工签证计算
3.3	总承包服务费		按合同约定计算
3.4	变更、签证和索赔		按发承包双方确认数额计算
4	规费	(1+2+3) × 费率	按计价规定计算
5	税金	(1+2+3+4) × 税率	按计价规定计算
	投标报价	1+2+3+4+5	

7. 综合单价的计算

（1）综合单价的含义

综合单价是指完成一个规定清单项所需的人工费、材料和工程设备费、施工机具使用费和企业管理费、利润以及一定范围内的风险费用。综合单价不但适用于分部分项工程量清单，也适用于措施项目清单、其他项目清单。

（2）招标控制价和投标价的区别与联系

清单计价人在编制招标控制价和投标价时，应分别按相应的编制原则、编制规定执行，即计价模式相同，但综合单价的形成又有所区别：

编制招标控制价时：人工费、材料费、机械费、管理费、利润应按《消耗量定额》《计价费率》及相关计价依据确定。材料价格应按造价管理机构发布的信息价，造价信息没有发布的参照市场价（不再存在差价的概念）。

编制投标价时：人工费、材料费、机械费均为市场价，管理费、利润由投标人自主确定。招标文件中要求投标人自主报价的材料、设备单价可按当期市场价格水平适当浮动，但不得过低（高）于市场价格水平。

（3）综合单价的计算

综合单价的计算不是简单地将其含的各项费用进行汇总，而是要通过具体的计算综合而成。具体如下：

◆ 首先计算清单项目的人、料、机总费用

人材机费用 = ∑计价工程量 × （∑人工消耗量 × 人工单价 + ∑材料消耗量 × 材料单价 + ∑台班消耗量 × 单价）

◆ 计算清单项目的管理费和利润

管理费和利润通常根据各地区规定的费率乘以规定的计价基础得出，通常计算公式如下：

管理费 = 人、料、机总费用 × 管理费费率

利润 = （人、料、机总费用 + 管理费） × 利润率

◆ 计算清单项目的综合单价

将清单项目的人、料、机总费用、管理费及利润汇总得到该清单项目的合价，将合价除以清单工程量就得到该清单项目的综合单价。

综合单价 = （人、料、机总费用 + 管理费 + 利润）/ 清单工程量

下面以大理石洗漱台为例计算该清单项的综合单价，假定计算投标报价，施工单位计划报价时的管理费费率为5%，利润率为3%，见表2-74。

人工、材料和机械的消耗数量在下面的工料分析表中查看，见表2-75，计算过程如下：

人工费 a=2.538×86.1=218.52（元）

材料费 b=0.655×5.36+0.1247×5.56+0.0453×198.34+…+0.0158×4500=635.39（元）

机械费 c=0.146×275.41+0.116×9.31=41.29（元）

管理费 A1=（a+b+c+d）×5%=（218.52+635.39+41.29+0）×5%=44.76（元）

利润 A2=（a+b+c+d+A1）×3%=（218.52+635.39+41.29+0+44.76）×3%=28.20（元）

合价 H=a+b+c+d+A1=A2=968.16（元）

综合单价 = 合价 H/ 清单工程量 =968.16/1=968.16（元 / 个）

分部分项工程量清单综合单价计算表

表 2-74

工程名称：　　　　　　　　　专业：　　　　　　　　　第　页　共　页

序号	清单编码	项目名称	计量单位	工程量	综合单价组成							综合单价
					人工费a	材料费b	机械费c	风险d	管理费（A1）	利润（A2）	合计（H）	
1	011505001001	大理石洗漱台	个	1					A1=（a+b+c+d）×管理费费率	A1=（a+b+c+d+A1）×利润费率	H=a+b+c+d+A1+A2	综合单价=H/工程量
1.1	消耗量定额编号 10-***	洗漱台	个	1	218.52	635.39	41.29	0	44.76	28.20	968.16	968.16
1.2												

卫生间洗漱台工料分析表　　　　表 2-75

工程名称：酒店装修工程

项目编码：011505001001

项目名称：洗漱台

序号	编号	名称	单位	数量	单价
1		人工费	元	人工费	
	R00003	综合工日（装饰）	工日	2.538	86.1
2		材料费	元	材料费	
	C00257	电焊条（普通）	kg	0.655	5.35
	C00360	防锈漆	kg	0.1274	5.56
	C01657	水泥砂浆 1：2.5	m³	0.0453	198.34
	C00201	大理石板	m²	1.8047	240
	C00473	各种型钢	kg	24.3159	4
	C00406	钢板网（综合）	m²	1.3363	9
	C01386	油漆溶剂油	kg	0.0131	10.81
	C00972	膨胀螺栓 M8×80	套	9.2728	0.92
	C00209	大理石毛边板	m³	0.0158	4500
3		机械费	元	机械费	
	J09003	交流弧焊机	台班	0.146	275.41
	J15014	电锤（小功率）520W	台班	0.116	9.31

8. 措施项目费、其他项目费、规费和税金

（1）措施项目费

措施项目费应根据拟建工程的实际情况列项。通用措施项目可按表 2-76 选择列项，专业工程的措施项目可按附录中规定的项目选择列项。若出现本规则未列的项目，可由招标人根据实际情况补充。投标人补充项目，应按招标文件规定补充，招标文件无规定时，补充的项目应单列并在投标书中说明，见表 2-76。

措施项目一览表 表 2-76

序号	项目名称
1	安全文明施工（含环境保护、文明施工、安全施工、临时设施）
2	夜间施工增加费
3	二次搬运费
4	冬、雨期施工增加费
5	已完工程及设备保护费
6	工程定位复测费
7	特殊地区施工增加费
8	施工降水
9	大型机械设备进出场及安拆
10	脚手架工程费

注：措施项目中可以计算工程量的项目清单，是采用分部分项工程量清单的方式编制，或是以"项"编制，
由招标人在措施项目清单中明确；不能计算工程量的项目清单，以"项"为计量单位。

（2）其他项目费

其他项目包含以下 4 项内容：1）暂列金额；2）专业工程暂估价；3）计日工；4）总承包服务费。其中暂列金额和专业工程暂估价为发包人费用，工程实际施工时发生就计取，不发生就不计取，计日工和总承包服务费为承包人费用，根据合同约定计取。

（3）规费

规费包括养老保险、失业保险、医疗保险、生育保险、工伤保险、住房公积金等，是按国家有关部门规定必须缴纳和计取的费用，为不可竞争的费用。

（4）税金

税金指应该计入建筑安装工程造价的税费。目前国家为减轻税负，建安工程的税金采用增值税计税，一般计税项目税率 9%，简易计税项目税率 3%。

2.9.3 学习提醒

【学习提醒】

（1）招标控制价和投标报价的计价程序基本一致，需注意招标控制价的

费率必须完全按照当地建设行政主管部门发布的参考费率进行计算，不得随意调整，但投标报价时除不可竞争的安全文明施工费、规费和税金外，其他费率都可以根据企业的自身情况进行调整，不一定完全按照当地建设行政主管部门发布的参考费率进行计算，可高可低。

（2）装饰工程的综合单价计算时，需注意管理费的计算基数是工程直接费，也就是人、材、机三项费用之和，利润的计算基数是人、材、机和管理费四项之和。

（3）注意分辨"工程决算"和"工程结算"，两者主要从编制范围、编制单位两个大的方面进行区分，"工程决算"针对的是整个建设项目，一般是由建设单位或者建设单位委托有资质的造价咨询单位进行编制，内容包含建设单位管理费、建安工程费、设备购置费、生产家具等购置费，是针对建设单位的整个项目的投资控制而做的；"工程结算"一般就是指工程项目的建安工程费，编制单位一般为施工单位或者施工单位委托有资质的造价咨询单位进行编制，主要内容仅为建安工程费。

2.9.4　学习支持

1. 施工图预算与工程量清单计价的区别与联系

◆　施工图预算与工程量清单计价是两个不同的概念范畴，不能混为一体。工程量清单计价是一种计价方法，施工图预算是工程造价文件。

◆　施工图预算在概念上不能等同于建筑安装工程预算。因为，从工程项目组成看，施工图预算包括了单位工程预算、单项工程预算和建设项目总预算。从工程费用组成上看，除建安工程费用外，还有设备购置费和工程建设其他费用。由于其他费用不便于确定，一般只研究建安工程预算的编制。

◆　从建筑安装工程施工图预算的编制方法体系上，可分为预算定额计价模式和工程量清单计价模式。

◆　编制施工图预算所依据的《消耗量定额》及《价目表》属预算定额性质，因此确定的建筑安装工程造价为社会平均水平（标底或招标最高限价）。

◆ 施工图预算与招标控制价、投标价从概念上不能混淆，编制单位也不同。

综上所述，工程量清单计价是一种计价方法，是一种全新的计价模式，为了合理确定各个阶段的工程造价，《计价规范（规则）》从工程量清单的编制、计价至工程量调整、竣工结算等各个主要环节都作了详细的规定，要求在工程量清单计价活动中各方都应严格遵守。

2. 招标控制价与投标价的区别与联系

招标控制价与投标价的区别与联系，见表 2-77。

表 2-77

序号	内容	招标控制价	投标价
1	编制依据	1. 清单计价规范； 2. 国家或省级、行业建设主管部门颁发的计价定额和计价办法； 3. 建设工程设计文件及相关资料； 4. 招标文件中的工程量清单及有关要求； 5. 与建设项目相关的标准、规范、技术资料； 6. 工程造价管理机构发布的工程造价信息，工程造价信息没有发布的材料按市场价； 7. 其他的相关资料	1. 清单计价规范； 2. 建设工程设计文件及相关资料； 3. 招标文件、工程量清单及其补充通知、答疑纪要； 4. 与建设项目相关的标准、规范等技术资料； 5. 企业定额或参考《消耗量定额》及其他相关计价依据和办法； 6. 市场价格信息或参考省、市工程造价管理机构发布的工程造价信息； 7. 施工现场情况、工程特点及拟定的投标施工组织设计或施工方案； 8. 其他相关资料
2	编制单位	具有编制能力的招标人或受其委托具有相应资质的工程造价咨询人、工程招标代理人编制	投标人或受其委托具有相应资质的工程造价咨询人编制
3	具体要求	招标控制价无须保密，招标人在招标文件中如实公布，并不得随意上浮或下调，并报送工程所在地造价管理机构备查	在开标前必须保密，并可以根据企业定额报价。投标人对招标人的任何优惠让利均应反应在清单项目的综合单价中，但投标报价不得低于施工企业的成本价
4	施工方案	正常的施工条件，正常的施工工艺，反映社会平均水平	投标单位的根据企业自身条件编制的施工组织设计和施工方案
5	选用定额	工程所在地建设行政主管部门发布的消耗量定额及其配套文件	企业定额

3. 工程计价的相关知识

（1）工程量清单计价的样表

工程量清单计价的样表包括工程量清单封面、总说明、分部分项工程量清单表、措施项目清单表、其他项目清单表、规费、税金项目清单表等。其标准格式，见表 2–78～表 2–86。

◆　招标控制价封面

表 2–78

_____工程

招标控制价

招标人：_____
（单位盖章）

造价咨询人：_____
（单位盖章）

年　　月　　日

◆　投标总价封面

表 2–79

_____工程

投标总价

招标人：_____
（单位盖章）

年　　月　　日

◆ 竣工结算书封面

表 2-80

_____工程

竣工结算书

发包人：_____
（单位盖章）

承包人：_____
（单位盖章）

造价咨询人：_____
（单位盖章）

年　　月　　日

◆ 工程造价鉴定意见书封面

表 2-81

_____工程

编号：×××[2×××]××号

工程造价鉴定意见书

造价咨询人：_____
（单位盖章）

年　　月　　日

◆ 招标控制价扉页

表 2-82

_____工程

招标控制价

招标控制价（小写）：_____

（大写）：_____

招标人：_____   造价咨询人：_____

（单位盖章）   （单位资质专用章）

法定代表人   法定代表人
或其授权人：_____   或其授权人：_____

（单位盖章）   （签字或盖章）

编制人：_____   复核人：_____

（造价人员签字盖专用章）   （造价工程师签字盖专用章）

编制时间： 年 月 日   复核时间： 年 月 日

◆ 投标总价扉页

表 2-83

_____工程

竣工结算总价

投标人：_____
工程名称：_____
投标总价（小写）：_____
　　　　　（大写）：_____

投标人：_____
　　　　　　　　　　　　　　　　（单位盖章）

法定代表人
或其授权人：_____
　　　　　　　　　　　　　　　（签字或盖章）

编制人：_____
　　　　　　　　　　　　　　（造价人员签字盖专用章）

时间：　　年　　月　　日

◆ 竣工结算总价扉页

表 2-84

_____ 工程

竣工结算总价

签约合同价（小写）：_____ （大写）：_____

竣工结算价（小写）：_____ （大写）：_____

发包人：_____ 承包人：_____ 造价咨询人：_____
（单位盖章） （单位盖章） （单位资质专用章）

法定代表人 法定代表人 法定代表人
或其授权人：_____ 或其授权人：_____ 或其授权人：_____
（签字或盖章） （签字或盖章） （签字或盖章）

编制人：_____ 复核人：_____
（造价人员签字盖专用章） （造价工程师签字盖专用章）

编制时间： 年 月 日 复核时间： 年 月 日

◆ 工程造价鉴定意见书扉页

表 2-85

_____ 工程

工程造价鉴定意见书

鉴定结论：

造价咨询人：_____
（盖单位章及资质专用章）

法定代表人：_____
（签字或盖章）

造价工程师：_____
（签字或盖章）

年　月　日

◆ 工程计价总说明

表 2-86

工程名称：_____　　第　页　共　页

（2）工程计价总说明的内容

◆ 工程概况：建设规模、工程特征、计划工期、合同工期、实际工期、施工现场及变化情况、施工组织设计的特点、自然地理条件、环境保护要求等。

◆ 编制依据等。

（3）工程计价编制与复核的依据

基本建设的不同阶段对应的工程计价也不同，分别有招标控制价、投标报价和竣工结算。

◆ 招标控制价编制与复核的依据：

A. 建设工程工程量清单计价规范 GB 50500-2013；

B. 国家或省级、行业建设主管部门颁发的计价定额和计价办法；

C. 建设工程设计文件及相关资料；

D. 拟定的招标文件及招标工程量清单；

E. 与建设项目相关的标准、规范、技术资料；

F. 施工现场情况、工程特点及常规施工方案；

G. 工程造价管理机构发布的工程造价信息，当工程造价信息没有发布时，参照市场价；

H. 其他的相关资料。

◆ 投标报价编制与复核的依据：

A. 建设工程工程量清单计价规范 GB 50500-2013；

B. 国家或省级、行业建设主管部门颁发的计价定额和计价办法；

C. 企业定额，国家或省级、行业建设主管部门颁发的计价定额和计价办法；

D. 招标文件、招标工程量清单及其补充通知、答疑纪要；

E. 建设工程设计文件及相关资料；

F. 施工现场情况、工程特点及投标时拟定的施工组织设计或施工方案；

G. 与建设项目相关的标准、规范等技术资料；

H. 市场价格信息或工程造价管理机构发布的工程造价信息；

I. 其他的相关资料。

（4）竣工结算编制与复核的依据

◆ 建设工程工程量清单计价规范 GB 50500-2013；

◆ 工程合同；

◆ 发承包双方实施过程已确认的工程量及其结算的合同价款；

◆ 发承包双方实施过程已确认调整后追加（减）的合同价款；

◆ 建设工程设计文件及相关资料；

◆ 投标文件；

◆ 其他依据。

2.9.5 实践活动

【计算题】

按竣工结算价的计价方法计算 2.9.2 中例题的工程造价。已知实际施工过程中，其他项目费未发生，变更造价 10000.00 元，签证造价 2000.00 元，索赔 20000.00 元。

【不定项选择题】

1. 工程量清单计价按不同用途分为（　　　　）等。

    A.施工图预算　　　　　　　　B.招标控制价

    C.投标价　　　　　　　　　　D.工程结算

2. 签约合同价是指发、承包双方在施工合同中约定的，包括了（　　　　）的合同总金额。

    A.综合单价　　　　　　　　　B.暂列金额

    C.暂估价　　　　　　　　　　D.计日工

3. 编制投标价时：（　　　　）均为市场价，管理费、利润由投标人自主确定。

    A.人工费　　　　　　　　　　B.材料费

    C.机械费　　　　　　　　　　D.折旧费

4. 其他项目费包括的内容有：（　　　　）。

    A.暂列金额　　　　　　　　　B.专业工程暂估价

    C.计日工　　　　　　　　　　D.总承包服务费

【判断题】

1.（　　　　）工程量清单计价是指投标人公开提供工程量清单，招标人自主报价或投标人编制标底及双方签订合同价款、工程结算等活动。

2. （　　　）使用国有资金投资的建设工程必须采用工程量清单计价。

3. （　　　）安全文明施工费、规费和税金必须按照国家或者省级、行业建设行政主管部门的规定计算，能够作为竞争性费用。

4. （　　　）招标控制价就是招标人在工程招标时能够接受的最高价。

5. （　　　）招标文件中要求投标人自主报价的材料、设备单价可按当期市场价格水平适当浮动，但不得过低（高）于市场价格水平。

6. （　　　）暂列金额和专业工程暂估价为发包人费用，工程实际施工时发生就计取，不发生就不计取。

7. （　　　）工程决算针对的是整个建设项目，一般由建设单位或者建设单位委托有资质的造价咨询单位进行编制。

2.9.6　活动评价

教学活动的评价内容与标准，见表 2-87。

教学评价内容与标准　　　　　　　　　　表 2-87

评价内容	指标	项目	评价标准	个人评价	小组评价	教师评价	综合评价
专业能力评价	知识技能	概念清晰度，能够明确区分招标控制价和投标报价					
		工程造价计算情况					
		工料分析情况					
		实践活动情况					
社会能力评价	情感态度	出勤纪律					
		态度					
	参与合作	互动交流					
		协作精神					
	语言知识技能	口语表达					
		语言组织					

续表

评价内容	指标	项目	评价标准	个人评价	小组评价	教师评价	综合评价
方法能力评价	方法能力	学习能力					
		收集和处理信息					
		创新精神					
	评价合计						

注：评价标准可按5分制、百分制、五级制等形式，教师可根据具体情况实施。

2.9.7 知识链接

实践活动答案

2-31

项目三
计价软件在银行营业大厅装饰工程中的运用

【项目概述】

　　利用建筑装饰工程计量与计价软件，对某银行营业大厅的建筑装饰工程项目的计量与计价内容在计算机上进行演练，使学生能够了解计量与计价软件构成及操作流程，熟悉计价软件编制建筑装饰工程工程量清单的方法，学生能够运用计价软件掌握综合单价的分析及计价的方法，熟悉计价程序、计价汇总，熟悉电子标书的生成，了解计价总说明的编写。

任务 1　工程量清单的编制

3.1.1　情景描述

【教学活动场景】

　　教学活动需要提供银行营业大厅装饰工程施工图纸、自动铅笔、计算器、橡皮、签字笔等工具，教学任务全部在造价实训教室完成。

【学习目标】

能够掌握计价软件的常用功能；掌握运用计价软件完成分部分项清单、

措施项目清单、其他项目清单、规费及税金清单编制工作。

【学习成果】

学会使用计价软件进行工程量清单的编制工作。

3.1.2 任务实施

1. 了解广联达软件

随着建筑信息化的发展及计算机的迅速普及，工程造价电算化已经成了社会发展的必然趋势。造价方面也引入了种类繁多的工具软件，如神机妙算、金建联合、广联达、斯维尔等。目前在造价方面使用较为广泛的是广联达软件股份有限公司研发的广联达计价软件，下面以广联达计价软件GBQ4.0为例，学习计价软件在工程量清单计价过程中的运用。

GBQ4.0是广联达推出的融计价、招标管理、投标管理于一体的计价软件，旨在帮助工程造价人员解决电子招投标环境下的工程计价、招投标业务问题，使计价更高效、招标更便捷、投标更安全。它包含三个模块，招标管理模块、投标管理模块、清单计价模块。软件运用流程如图3-1所示。

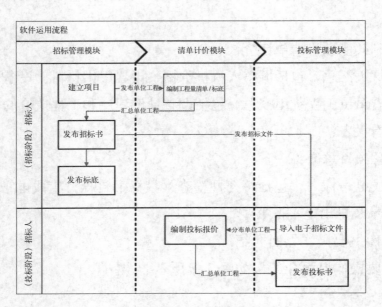

图3-1 计价软件运用流程图

2. 软件操作流程

以招投标过程中的工程造价管理为例，软件操作流程如下：

（1）招标人的主要工作

◆ 新建招标项目：包括新建招标项目工程，建立项目结构；

◆ 编制单位工程分部分项工程量清单：包括输入清单项，输入清单工程量，编辑清单名称，分部整理；

◆ 编制措施项目清单；

◆ 编制其他项目清单；

◆ 编制甲供材料、设备表；

◆ 查看工程量清单报表；

◆ 生成电子标书：包括招标书自检，生成电子招标书，打印报表，刻录及导出电子标书。

（2）投标人的主要工作

◆ 新建投标项目；

◆ 编制单位工程分部分项工程量清单计价，包括套定额子目、输入子目工程量，子目换算和设置单价构成；

◆ 编制措施项目清单计价，包括计算公式组价、定额组价、实物量组价三种方式；

◆ 编制其他项目清单计价；

◆ 人材机汇总，包括调整人材机价格，设置甲供材料、设备；

◆ 查看单位工程费用汇总，包括调整计价程序和工程造价的调整；

◆ 查看报表；

◆ 汇总项目总价；

◆ 生成电子标书，包括符合性检查、投标书自检，生成电子投标书，打印报表，刻录及导出电子标书。

（3）软件主要操作界面介绍

软件主要操作界面介绍，如图 3-2 所示。

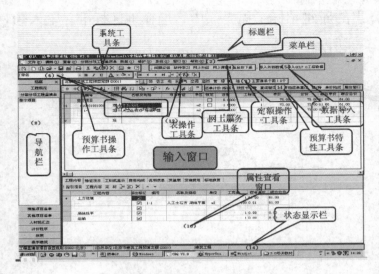

图 3-2 软件主要操作界面图

3. 新建招标项目

（1）进入软件

◆ 在桌面上双击"广联达计价软件 GBQ4.0"快捷图标 ，软件会启动文件管理界面。

◆ 在文件管理界面选择"工程类型"，在弹出的界面中选择工程类型为【清单计价】，再点击【新建项目】，软件会进入"新建招标项目"界面，如图 3-3 所示。

3-1

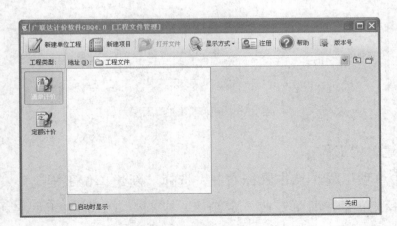

图 3-3 新建招标项目界面图

◆ 在弹出的新建招标工程界面中，选择地区标准，输入项目名称，项目编号，如图3-4所示。

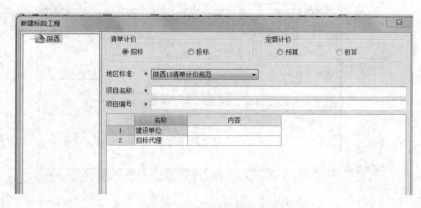

图3-4 新建标段工程内容界面图

◆ 点击"确定"，软件会进入招标管理主界面，如图3-5所示。

（2）建立项目结构

◆ 新建单项工程

选中招标项目，点击鼠标右键，选择"新建单项工程"。在弹出的新建单项工程界面中输入单项工程名称。

3-2

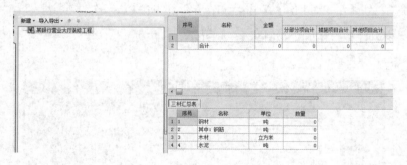

图3-5 招标管理主界面图

◆ 新建单位工程

A. 选中单项工程，点击鼠标右键，选择"新建单位工程"。

B. 选择清单库，清单专业，定额库，定额专业。输入工程名称，选择结构类型，输入建筑面积。点击"确定"则完成，如图3-6所示。

图 3-6　新建单位工程界面图

◆　说明

A. 确认计价方式，按向导新建；

B. 选择清单库、清单专业、定额库、定额专业；

C. 输入工程名称，输入工程相关信息如：工程类别、建筑面积；

D. 点击【确定】，新建完成。

根据以上步骤，我们按照工程实际建立一个工程项目，点击确定进入统一设置费率。

（3）工程概况

点击【工程概况】，工程概况包括工程信息、工程特征及指标信息，可以在右侧界面相应的信息内容中输入信息，如图 3-7 所示。

图 3-7　工程概况界面图

说明：

◆ 根据工程的实际情况输入工程信息、工程特征、编制说明等信息，封面等报表会自动关联这些信息；

◆ 造价分析：显示工程总造价和单方造价，系统根据用户编制预算时输入的资料自动计算，在此页面的信息无法手工修改。

（4）编制清单及投标报价

◆ 输入清单：点击【分部分项】→【查询窗口】，在弹出的查询界面，选择清单，选择您所需要的清单项，如石材楼地面，然后双击或点击【插入】输入到数据编辑区，然后在工程量表达式列输入清单项的工程量，如图 3-8 所示。

3-3

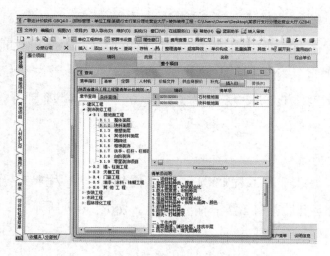

图 3-8　工程量清单选项界面图

设置项目特征及其显示规则：

A. 点击属性窗口中的【特征及内容】，在"特征及内容"窗口中设置要输出的工作内容，并在"特征值"列通过下拉选项选择项目特征值或手工输入项目特征值；

B. 然后在"清单名称显示规则"窗口中设置名称显示规则，点击【应用规则到所选清单项】或【应用规则到全部清单】，软件则会按照规则设置清单项的名称。

组价：点击【内容指引】，在"清单指引"界面中根据工作内容选择相应的定额子目，然后双击输入，并输入子目的工程量。

说明：当子目单位与清单单位一致时，子目工程量可以默认为清单工程量，可以在【预算书属性】里进行设置。

（5）保存、退出

◆ 保存：点击菜单的【文件】→【保存】或系统工具条中的 保存编制的计价文件；

◆ 退出：点击菜单的【文件】→【退出】或点击软件右上角 退出GBQ4.0软件。

4. 编制分部分项工程量清单

（1）进入单位工程编辑界面

选择编辑的单位工程名称"银行大厅装修工程"，点击"编辑"，或者双击需要编辑的单位工程，如图 3-9 所示。

3-4

图 3-9　单位工程项目管理界面图

然后软件会进入单位工程编辑的主界面，如图 3-10 所示。

图 3-10　单位工程编辑主界面图

（2）输入工程量清单项

工程量清单编码输入的常用方法有全码输入、查询输入和补充编码三种方式。

◆ 全码输入

在清单编码列输入清单编码的前9位，后三位顺序码自动生成，如011505001，点击回车键，即可输入洗漱台的清单项，如图 3-11 所示。

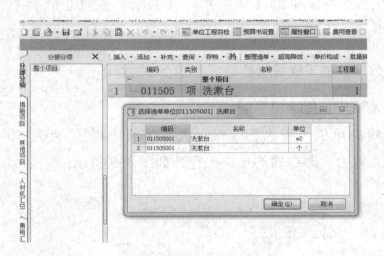

图 3-11　全码输入界面图

提示：输入完清单后，敲击回车键会快速切换到工程量列，再次敲击回车键，软件会新增一行空行，软件默认情况是新增定额子目空行，在编制清单时可以设置为新增清单空行，点击菜单栏【系统】→【系统选项】，去掉勾选"直接输入清单跳转到子目行"即可。

◆ 查询输入

查询输入包括章节查询输入和条件查询输入两种方式。

A. 章节查询输入：双击清单编码行，自动弹出清单、定额查询界面，在章节查询界面下双击所选清单项，即可输入，如图 3-12 所示。

B. 条件查询输入：在查询窗口的条件查询界面下的名称里输入清单名称或者清单名称的关键字，点击"查询"，软件即可搜索出相关清单，双击所选清单，即可输入，如图 3-13 所示。

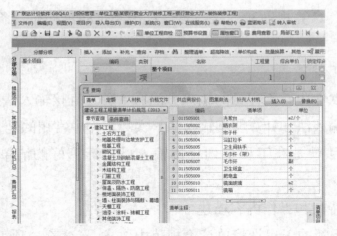

图 3-12　章节查询界面图

图 3-13　条件查询界面图

◆　补充编码

在《房屋建筑与装饰工程工程量计算规范》GB 50854-2013 中对补充清单的规定如下：

其中的"4.1.3"条规定：编制工程量清单出现附录中未包括的项目，编制人应作补充，并报省级或行业工程造价管理机构备案，省级或行业工程造价管理机构应汇总报住房和城乡建设部标准定额研究所。

补充项目的编码由本规范的代码 01 与 B 和三位阿拉伯数字组成，并应从 01B001 起顺序编制，同一招标工程的项目不得重码。工程量清单中需附有补充项目的名称、项目特征、计量单位、工程量计算规则、工程内容。

软件中对补充清单的操作，点击功能区按钮【补充】，选择清单，在弹出的补充清单窗口中，编码默认为 AB001，输入补充清单的名称、项目特征、计量单位、计算规则和工程内容，点击确定即可补充一条清单项，如图3-14所示。

（3）输入工程量

在广联达软件中，工程量的输入方法有 4 种，直接输入法、图元输入法、简单计算公式输入法和计算明细输入法，实际工作中常用的是直接输入法。

直接输入法就是在工程量列直接输入已经计算好的清单工程量，如图3-15所示。

（4）项目特征和工作内容描述

在 2013 版新的工程量清单计价规范中要求，"分部分项工程量清单应包括项目编码、项目名称、项目特征、计量单位和工程量"，因此在编制工程量清单工作中，要求对每个清单项要描述项目特征，并且项目特征也是套用消耗量定额、计算综合单价的主要依据。

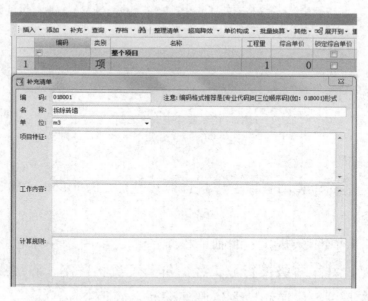

图 3-14　补充清单界面图

图 3-15　工程量输入界面图

按照实际情况描述各清单项的项目特征，软件中的项目特征是按规则列项的，当不能满足实际工程需要时，可以"添加"或"插入"空行，列出实际需要的项，填写特征值。

当编辑完清单项的项目特征后，要将其显示到相应的清单项后面，在右侧有"清单名称显示规则"的界面，名称附加内容里选择"项目特征"，在界面中点击【应用规则到所选清单项】，该工程量清单项的项目特征就描述好了，如图 3–16 所示。

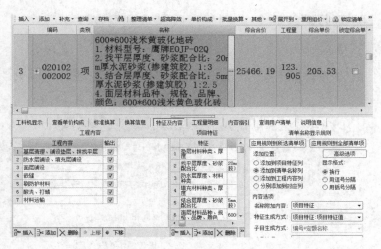

图 3–16　项目特征界面图

5. 措施项目工程量清单和其他项目清单

（1）措施项目工程量清单

◆　计算公式组价项：软件已按专业分别给出，如无特殊规定，可以按软件中的计算；

3–5

◆　清单组价项：选择技术措施项目下的可计量措施清单行，在界面工具条中点击【查询】，在弹出的界面里找到相应措施清单脚手架子目，然后勾选清单指引定额子目，双击或点击【插入清单】，并输入工程量。

（2）其他项目工程量清单

◆　其他项目明细：根据工程实际情况，在暂列金额，专业工程暂估价，计日工费用，总承包服务费等项目中输入；

◆　其他项目：根据工程实际，输入"总承包服务费"。

通过以上方法就编制完成了单位工程量清单，点击菜单的【文件】→【保存】或系统工具条中的 🖫 保存编制的计价文件。

退出：点击菜单的【文件】→【退出】或点击软件右上角 ⊠ 退出 GBQ4.0软件。

6. 生成电子招标书

当所有的单位工程按以上方法编辑完成后，就可以对项目文件进行自检以及生成电子招标书了。

（1）招标书自检

点击发布招标书导航栏，点击【招标书自检】，如图 3-17 所示。

图 3-17　招标书自检界面图

在设置检查项界面中选择分部分项工程量清单，并点击【确定】，如图3-18 所示。

设置检查项页面可根据自己的需要看哪一项自己容易出错，需要检查的进行勾选，点击【确定】即可，如果在清单检查中出现所勾选的问题，软件会以网页文件显示出来。软件会给出详细的提示，哪个单项的哪个单位工程，以及哪个页面下的什么项出现了问题，都会有显示，需要修改就返回相对应的单位工程中进项修改即可。

如果自检没有问题，就可以直接生成并导出电子标书。

（2）生成并导出电子招标书

点击【生成并导出电子招标书】，在生成招标书界面点击【确定】，软件会生成电子标书文件，如图 3-19 所示。

图 3-18　检查项设置界面图

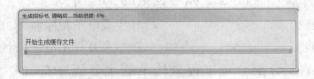

图 3-19　标书生成界面图

　　生成完成后，选择电子招标书的存放路径，在选择的存放路径下就会生成一个"某某工程—招标书"的文件夹，里面存放的就是电子招标书。

3.1.3　学习提醒

　　（1）广联达软件不光有计价软件，还有算量软件、对量软件、结算软件等若干个模块，对电脑的基本要求是 WIN7 以上系统，使用广联达软件需要软件专用的加密锁，插上加密锁安装加密锁驱动联网后方可使用。

　　（2）计价软件有很多种，课本中是以广联达软件为例进行介绍，不是只有广联达能够进行工程的计价和计量，有兴趣的同学可以在互联网上百度，了解其他计价软件。

　　（3）在使用广联达软件进行计价时需注意地区标准及计价规则的选用，

一旦选择不能调整，需要重新编制清单。

（4）广联达软件有很多功能，需要详细了解的同学可以点功能区的 按钮进行了解。

3.1.4 活动实践

【不定项选择题】

1. 工程造价软件是融（　　　）于一体的计价软件。

    A.计价　　　　　　　　　　　B.招标管理

    C.投标管理　　　　　　　　　D.现场管理

2. 工程造价软件一般包含（　　　）等模块。

    A.施工管理模块　　　　　　　B.招标管理模块

    C.投标管理模块　　　　　　　D.清单计价模块

3. 招标人软件操作生成电子标书包括的工作有（　　　）。

    A.招标书自检　　　　　　　　B.生成电子招标书

    C.打印报表　　　　　　　　　D.刻录及导出电子标书

4. 造价软件编制分部分项工程量清单的主要程序有（　　　）。

    A.进入单位工程编辑界面　　　B.输入工程量清单项

    C.输入工程量　　　　　　　　D.项目特征和工作内容描述

【判断题】

1. （　　　）工程造价电算化已成为社会发展的必然趋势。

2. （　　　）招标人和投标人软件操作生成电子标书的内容是一样的。

3. （　　　）工程量清单编码输入的常用方法是查询输入和补充编码两种。

4. （　　　）招标书自检没有问题，才可以直接生成并导出电子标书。

【编制清单】

完成下面项目清单的输入，见表3-1。

工程量清单   表 3–1

序号	项目编码	项目名称	单位	工程量
1		水泥砂浆地面 [项目特征] 1. 100mm 厚 C20 细石混凝土随捣随抹，表面撒 1∶1 水泥砂子，压实抹光 2. 60mm 厚 C15 混凝土垫层 3. 150mm 厚 3∶7 灰土 4. 素土夯实	m²	57.16
2		防滑地砖楼地面 [项目特征] 1. 铺 8 ~ 10mm 厚地砖楼面，干水泥檫缝（面层不做） 2. 撒素水泥面（洒适量清水） 3. 30mm 厚 1∶3 干硬性水泥砂浆结合层（内掺建筑胶） 4. 1.5mm 厚合成高分子涂膜防水层，四周翻起 150mm 高 5. 1∶3 水泥砂浆找坡层，最薄处 20mm 厚。坡向地漏，一次抹平 6. 现浇钢筋混凝土楼板或预制楼板现浇叠合层	m²	9.62
3		金属扶手带栏杆、栏板 H=850mm [项目特征] 1. 材质：ϕ40 不锈钢 2. 图集编号：03J926 1B/23 3. 部位：残疾人坡道处	m	2.50
4		墙面一般抹灰 [项目特征] 1. 饰面：白色涂料 2. 基层：（1）2mm 厚纸筋（麻刀灰）抹面；（2）14mm 厚 1∶3 石灰膏砂浆打底	m²	17.05
5		天棚抹灰 [项目特征] 1. 刷白色涂料 2. 满刮 2mm 厚面层耐水腻子找平 3. 满刮 3 ~ 5mm 厚底基防裂腻子分遍找平 4. 5mm 厚 1∶0.5∶3 水泥石灰膏砂浆打底压实赶平	m²	80.34

3.1.5　活动评价

教学活动的评价内容与标准，见表 3–2。

教学评价内容与标准　　　　　　表 3–2

评价内容	指标	项目	评价标准	个人评价	小组评价	教师评价	综合评价
专业能力评价	知识技能	施工图识读情况					
		计价软件操作情况					
		清单完成情况					
		实践活动情况					
社会能力评价	情感态度	出勤、纪律					
		态度					
	参与合作	讨论、互动					
		协助精神					
	语言知识技能	表达					
		会话					
方法能力评价	方法能力	学习能力					
		收集和处理信息					
		创新精神					
	评价合计						

注：评价标准可按 5 分制、百分制、五级制等形式，教师可根据具体情况实施。

3.1.6　知识链接

实践活动答案

3–6

任务 2　装饰工程综合单价分析

3.2.1　情景描述

【教学活动场景】

　　教学活动需要提供银行营业大厅装饰工程施工图纸、铅笔、计算器、橡皮、签字笔等工具,教学任务全部在造价实训机房完成。

【学习成果】

学会运用消耗量定额进行综合单价分析及计价的方法。

3.2.2　任务实施

【复习巩固】

(1) 工程量清单的计价主要有哪些方式?

【解释】工程量清单的计价方式对应不同的计价阶段有招标控制价、投标报价和竣工结算价三种方式。

(2) 造价工作概括起来包括哪两个部分的工作?

【解释】造价工作主要有两部分内容,第一部分是计量,就是计算工程量,编制工程量清单;第二部分是计价,就是计算综合单价和工程造价。

【引入新课】

　　在上节课里我们学习了如何用广联达计价软件编制工程量清单,这节课我们来学习如何运用广联达计价软件,计算分部分项清单的综合单价。

首先，在桌面上找到上节课做好的文件 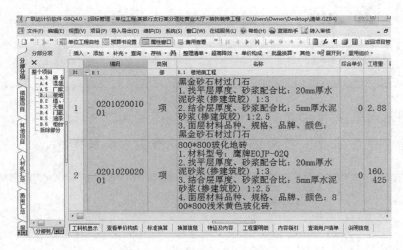，双击打开，出现如下界面，然后接着双击 装饰装修工程，进入某银行装饰装修工程，如图 3-20 所示。

图 3-20　投标管理主界面图

1. 编制分部分项清单组价

在分部分项清单编辑页面，我们主要进行定额子目的输入及换算等工作。

（1）套定额组价

投标单位组价是在招标单位所提供的工程量清单项下，根据清单项目特征描述及工程内容，套用定额子目进行组价。常见的定额子目的输入方式主要有直接输入、指引输入和查询输入三种（注：以下内容具体输入的子目号仅供功能操作的实例参考）。

◆　直接输入

比如选择"实心砖墙"清单，点击鼠标右键快捷菜单【添加】→【添加子目】，将在清单项下添加一子目空行，如图 3-21 所示。

图 3-21　直接输入界面图

然后在空行中的编码列，直接输入定额编号，如输入"3-4"回车即可，如图 3-22 所示。

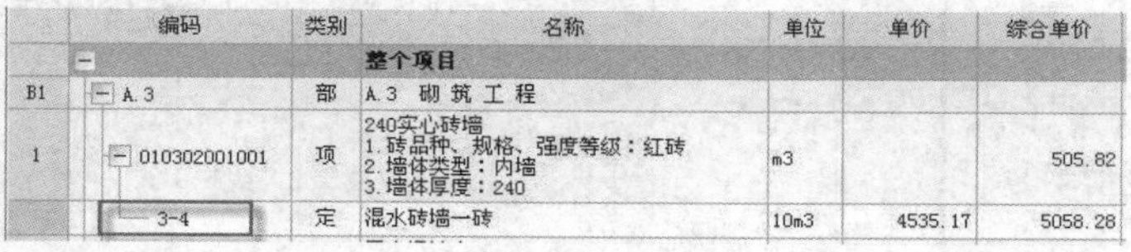

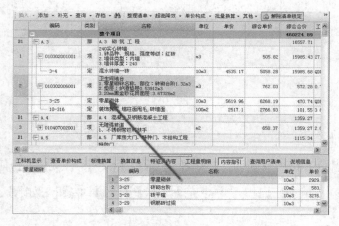

图 3-22　直接输入定额编号界面图

◆　指引输入

就是指内容指引下的输入方法，先选中需要组价的清单项，鼠标左键点击下方的【内容指引】页签，软件会自动显示出选中清单可能会用到的定额子目，选中需要用的定额，双击鼠标左键，如图 3-23 所示。

图 3-23　指引输入界面图

◆　查询输入

选中需要组价的清单项点击工具栏【查询】→【定额】按钮，弹出查询窗口，会有两种查询方式，一种是章节查询，另一种是条件查询。

A. 章节查询：是在相应章节找到需要套用的定额，双击鼠标左键，即可套用，如图 3-24 所示。

B. 条件查询：在名称里输入关键字，软件会自动搜索与之相关定额，双击鼠标左键，即可套用，例如输入"坊"，所以名称里面有"坊"的定额子目会全部搜索出来，如图 3-25 所示。

图 3-24　章节查询界面图

图 3-25　条件查询界面图

◆　补充子目

当工程中出现的一些新项目或者是新材料等，在原有的定额中没有的，这时就需要补充，点击工具栏【补充】→【子目】按钮，如图 3-26 所示。

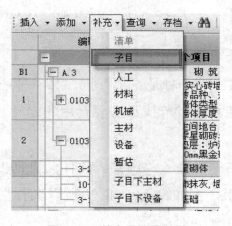

图 3-26　补充子目界面图

在弹出的对话框中输入编码、专业章节、名称、单位、工程量、人工费、材料费、机械费后确定即可，如图 3-27 所示。

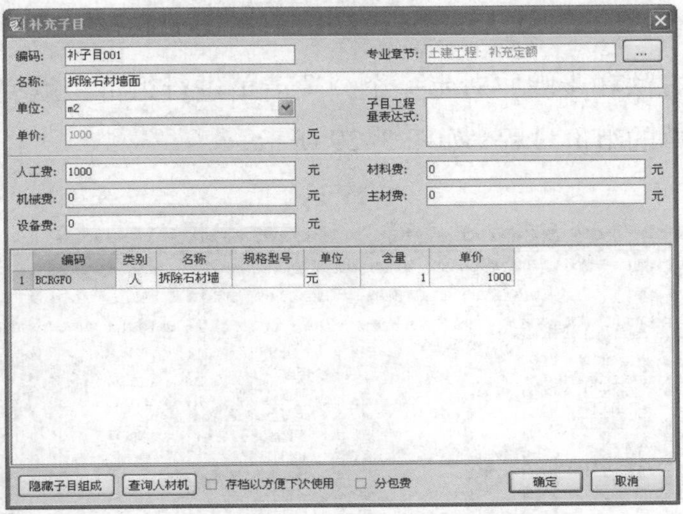

图 3-27　补充子目内容界面图

（2）输入子目工程量

输入定额子目的工程量。清单量招标方已经按照清单规则计算并给出，子目工程量按照定额计算规则计算。一般来说，清单规则和定额规则大部分一致，只有少部分不一样，在软件中，当我们输入子目后，发现子目的工程量栏已经有数量"QDL"，因为软件默认的子目工程量自动等于清单工程量。

计算规则不一样时，软件则能够按照计算出来的清单工程量直接修改，子目工程量地处理除了默认等于清单工程量和手动直接输入以外，还有其他的输入方式，如：计算公式输入、图元公式等，可根据工程实际情况灵活处理。

（3）子目换算

按照定额估价中的子目组价后，根据工程情况有时需要在原有基础上进行换算，软件中主要采用的是系数换算法，具体如下。

例如：选中坡道清单下的 8-22 子目，点击子目编码列，使其处于编辑状态，在子目编码后面输入 ×2，软件就会把这条子目的人材机含量乘以 2 的系数，如图 3-28 所示。

编码	类别	名称	单位	工程量表达式
3	010407002001	项	无障碍坡道 1、不锈钢管栏杆扶手	m2	2.09
	8-20	定	找平层，水泥砂浆找平在砼或硬基层上	100m2	QDL
	8-22 *2	换	找平层，水泥砂浆找平每增减5mm 子目乘以系数2	100m2	QDL
	10-19	定	天然石材 大理石楼地面	100m2	QDL

图 3-28　系数换算法界面图

通过以上方法和步骤，对每一个分项清单进行组价，就完成了整个分部分项工程量清单的组价过程，如图 3-29 所示。

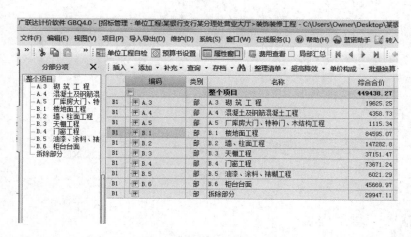

图 3-29　整个项目综合合价界面图

2. 措施项目清单组价

软件提供了几种措施项目的组价方式：计算公式组价、定额组价、实物量组价、清单组价。常用的有计算公式组价和定额组价方式。

（1）计算公式组价

按照计算基数和费率，例如冬雨期、夜间施工措施费，有规定的计算基数和费率，如图 3-30 所示。

□ 2	冬雨季、夜间施工措施费	项	子措施
2.1	人工土石方	项	计算公式组
2.2	机械土石方	项	计算公式组
2.3	桩基工程	项	计算公式组
2.4	一般土建	项	计算公式组
2.5	装饰装修	项	计算公式组

图 3-30　冬雨季、夜间施工措施费界面图

（2）定额组价

措施项目的组价方式为定额组价方式时，下方可以套用当地的消耗量定额，例如装饰专业中的脚手架，先点击鼠标右键会出现一个插入子目，然后选择查询，就会出现当地消耗量定额中所有的脚手架定额子目，最后根据该工程的实际施工情况进行选择，如图 3-31 所示。

图 3-31　措施项目定额组价法界面图

3. 其他项目清单组价

其他项目清单默认模板，可以根据实际情况进行增删改，如图 3-32 所示。

序号		名称	单位	单价/计算基数	数量/费率 (%)	金额	费用类别
1	一	其他项目				10000	
2	1	暂列金额	项	暂列金额		10000	暂列金额
3	2	专业工程暂估价	项	专业工程暂估价		0	专业工程暂估价
4	3	计日工	项	计日工	0	0	计日工
5	4	总承包服务费	项	总承包服务费	0	0	总承包服务费

图 3-32　其他项目组价界面图

◆　暂列金额

暂列金额应按招标人在其他项目清单中列出的金额填写。暂列金额由甲方列项确定，编制投标组价或招标最高限价时，不可进行修改，如图 3-33 所示。

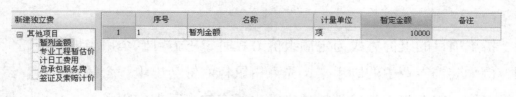

图3-33 暂列金额界面图

◆ 专业工程暂估价

专业工程暂估价应按招标人在其他项目清单中列出的金额填写。和暂列金额一样是由甲方列项确定，编制投标组价或招标最高限价时，不可进行修改。

◆ 计日工费用

计日工按招标人在其他项目清单中列出的项目和数量，自主确定综合单价并计算计日工费用。

◆ 总承包服务费

总承包服务费根据招标文件中列出的内容和提出的要求自主确定。

3.2.3 学习提醒

【学习提醒】

（1）定额的换算或者材料的换算时，提醒对定额或者材料的名称和规格重新更改，建议更改的跟换算后的名称和规格保持一致。

（2）软件提供了定额的标准换算功能，在套用定额下方工料机显示的旁边，设置了一些常规的换算，例如地面垫层的厚度、乳胶漆的遍数等，都可以直接进行换算。

3.2.4 实践活动

【不定项选择题】

1. 工程量清单的计价方式对应不同的计价阶段有（　　　　）三种方式。

    A.投资估算价　　　　　　　　　　B.招标控制价

    C.投标报价　　　　　　　　　　　D.竣工结算价

2. 常见定额子目的输入方式有（　　　）三种。

　　A.直接输入　　　　　　　　　　B.管理输入

　　C.指引输入　　　　　　　　　　D.查询输入

3. 造价软件提供的措施项目的组价方式有（　　　）。

　　A.计算公式组价　　　　　　　　B.定额组价

　　C.实物量组价　　　　　　　　　D.清单组价

4. 造价软件编制分部分项工程量清单的主要程序有（　　　）。

　　A.进入单位工程编辑界面　　　　B.输入工程量清单项

　　C.输入工程量　　　　　　　　　D.项目特征和工作内容描述

【判断题】

1. （　　　）造价工作概括起来包括计量和计价两个部分的工作。

2. （　　　）常见定额子目的查询输入包含章节查询和条件查询两种方式。

3. （　　　）当工程中出现的一些新项目或新材料在原有定额中没有，就需要补充子目。

4. （　　　）造价软件实施措施项目组价时，最常用计算公式组价和定额组价。

【实训题】

（1）对应学校所在地的消耗量定额和价目表，自行在计算机上完成以下分项工程清单编码和综合单价的编制，填表 3-3。

分项工程清单编码和综合单价的编制　　　　　　　　表 3-3

序号	项目编码	项目名称	单位	工程数量
1		墙面一般抹灰 【项目特征】 1. 墙体类型：砖内墙面 2. 工程做法： 1）刷乳胶漆三遍 2）6mm 厚 1:0.3:2.5 水泥石灰膏砂浆抹面 3）10mm 厚 1:1:6 水泥石灰膏砂浆打底扫毛	m²	1000.00

续表

序号	项目编码	项目名称	单位	工程数量
2		块料墙面 【项目特征】 1. 基层类型：砖内墙面 2. 工程做法： 1）白水泥擦缝 2）5～8mm 厚 200mm×300mm 瓷片 3）5mm 厚 1：2 建筑胶水泥砂浆粘结层 4）10mm 厚 1：3 水泥砂浆打底压实抹平扫毛	m²	800.00
3		天棚抹灰 【项目特征】 1. 基层类型：现浇混凝土天棚 2. 工程做法： 1）白色乳胶漆二遍 2）5mm 厚 1：0.3：2.5 水泥石灰膏砂浆抹面找平 3）5mm 厚 1：0.3：3 水泥石灰膏砂浆打底扫毛 4）刷素水泥浆一道（内参建筑胶）	m²	1500.00
4		天棚吊顶 【项目特征】 1. 吊顶形式：铝合金条板吊顶、平面 2. 工程做法： 1）0.8～1.0 厚铝合金条板面层 2）条板轻钢龙骨 TG45×48，中距 1200mm 3）U 形轻钢龙骨 38mm×12mm×1.2mm，中距 1200mm 4）ø8 钢筋吊杆中距 1200mm，与吊环固定 5）板底预留 ø10 钢筋吊环，中距 1200mm	m²	550.00

（2）分组讨论综合单价的组成方法及注意事项。

3.2.5　活动评价

教学活动的评价内容与标准，见表 3-4。

教学评价内容与标准　　　　　　　　　　表 3-4

评价内容	指标	项目	评价标准	个人评价	小组评价	教师评价	综合评价
专业能力评价	知识技能	软件使用情况					
		套用消耗量定额及综合单价分析情况					
		实践活动情况					

续表

评价内容	指标	项目	评价标准	个人评价	小组评价	教师评价	综合评价
社会能力评价	情感态度	出勤纪律					
		态度					
	参与合作	互动交流					
		协作精神					
	语言知识技能	口语表达					
		语言组织					
方法能力评价	方法能力	学习能力					
		收集和处理信息					
		创新精神					
评价合计							

注：评价标准可按5分制、百分制、五级制等形式，教师可根据具体情况实施。

3.2.6　知识链接

实践活动答案

3–7

任务3　装饰工程计价文件的生成

3.3.1　情景描述

【教学活动场景】

　　教学活动需要提供银行营业大厅装饰工程施工图纸、自动铅笔、计算器、橡皮、签字笔等工具，教学任务全部在学校造价实训机房完成。

【学习成果】

　　学会工程计价总说明的编制；学会工程计价汇总表的编制；学会人材机

分析表的编制和调整；学会电子投标书的生成。

3.3.2　任务实施

（1）新建投标项目

◆　新建项目

在工程文件管理界面，鼠标左键单击【新建项目】按钮，如图 3-34 所示。

◆　进入新建标段工程窗口

本项目的计价方式：清单计价／投标；

在新建标段工程界面，单击【浏览】按钮，选择相应的电子招标书文件（*.zbs/*.xml），单击【打开】，软件会自动导入电子招标文件中的项目信息（项目名称、项目编码等），如图 3-35 所示。

图 3-34　新建项目界面图

图 3-35　清单计价界面图

◆ 项目管理

单击【确定】后，软件进入投标管理主界面，可以看出项目结构也被完整导入进来了，为了保证投标人的项目结构和招标方一致，软件默认对整个标段结构进行了保护，投标人无法直接修改，除项目信息、项目结构外，软件还自动导入了所有单位工程的工程量清单内容，如图 3-36 所示。

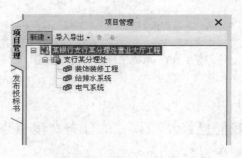

图 3-36 项目管理界面图

◆ 新建单位工程

选择"某行某分理处"下的"装饰装修工程"，单击【编辑】按钮，或者直接双击项目结构中需要编辑的单位工程名称，在弹出的新建清单计价单位工程界面选择清单库、定额库及定额专业，如图 3-37 所示。

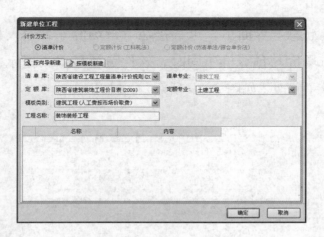

图 3-37 新建单位工程界面图

单击【确定】按钮，软件会进入单位工程编辑主界面，且已经导入招标方的工程量清单，如图 3-38 所示。

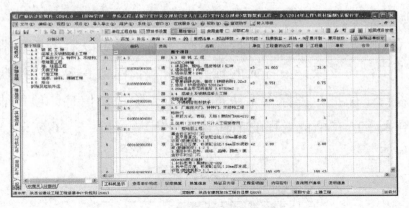

图 3-38　单位工程编辑主界面图

（2）工程量清单组价

工程量清单组价我们已经在项目三的任务 2 里重点学习过，可以完全按照项目三的任务 2 的顺序自行完成。

（3）人材机汇总

◆　调整人材机市场价

对于清单计价的工程造价由五部分组成，分部分项工程费、措施项目费、其他项目费、规费及税金五部分组成，前三部分编辑完后，基本就完成了编制，规费和税金是不可竞争费，软件已经按照国家或者相关政府部门发布的内容内置其中。

在"人材机汇总"界面下，可直接在"市场价"列输入材料的市场价格进行调整，当市场价与预算价不同时，软件黄色显示，提示此条材料我们已经对市场价进行了修改，如图 3-39 所示。

图 3-39　人材机价格调整界面图

◆ 设置主要材料表

A. 自动设置主要材料

点击导航栏【主要材料表】按钮切换到主要材料表界面，点击【自动设置主要材料表】，选择方式一取材料价值排在前 20 的材料为主要材料，如图 3-40 所示。

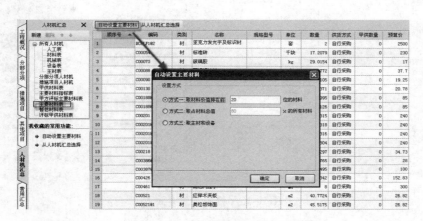

图 3-40 自动设置主要材料界面图

B. 从人材机汇总选择

当直接指定某些材料为主要材料时，可使用【从人材机汇总中选择】，在需要设置为主要材料的材料前面打勾即可，如图 3-41 所示。

	选择	编码	类别	名称	规格型号	单位	数量	市场价	供货方式	产地	厂家
1	☐	R00002	人	综合工日		工日	88.9161	72.5	自行采购		
2	☐	R00003	人	综合工日(装饰)		工日	798.009	86.1	自行采购		
3	☐	BCCLF0@1	材	联动门安装费用		樘	1	1000	自行采购		
4	☑	BCCLF1@2	材	亚克力发光字及标识		套	2	2500	自行采购		
5	☐	BCCLF2@1	材	亚克力固定夹材料费		m2	7.73	280	自行采购		
6	☐	BCCLF2@2	材	ATM机防窥挡板材料费		个	3	1000	自行采购		
7	☐	BCCLF3	材	传票口材料费		元	1	1000	自行采购		
8	☐	BCCLF3@1	材	软膜天花材料费		m2	10.29	160	自行采购		
9	☐	BCCLF4@10	材	拆除石材墙面		项	74.83	14	自行采购		
10	☐	BCCLF4@15	材	铲除铝孔板吊顶及垃		项	345.64	14	自行采购		
11	☐	BCCLF4@17	材	拆除石材柱面		项	19.14	14	自行采购		
12	☐	BCCLF4@20	材	拆除240砖墙及垃圾清		m3	23.35	14	自行采购		
13	☐	BCCLF4@26	材	拆除块料地面及垃圾		樘	9	14	自行采购		

图 3-41 人材机汇总选择界面图

（4）单位工程造价汇总

鼠标左键单击导航栏的【费用汇总】按钮，切换到费用汇总页面，即可查看当前编制的单位工程的工程造价，如图 3-42 所示。

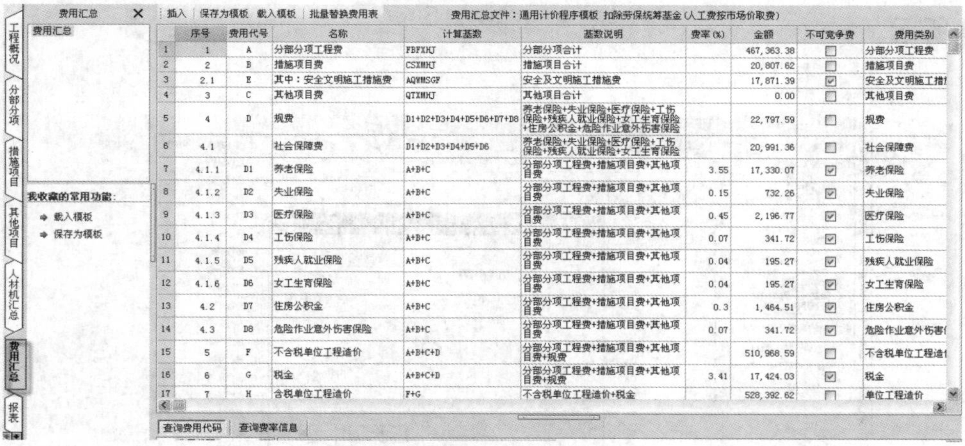

图 3-42　费用汇总界面图

（5）报表

在导航栏单击【报表】按钮进入报表界面，将"投标方"前的"+"点开，即为投标方的所有报表，在左侧点击需要查看的报表，右侧便可预览显示相应的报表内容，如图 3-43 所示。

图 3-43　表报界面图

招标方和投标方下的报表内容都是按照计价规范中要求的报表格式内置，如需打印，点击工具栏"打印机"图标即可。

（6）建设项目和单项工程造价汇总

通过以上操作就完成了"装饰装修工程"的组价工作，然后单击工具栏【返回项目管理】按钮，返回到投标管理主界面。用同样的方法编辑完所有的单位工程后，可以在投标管理页面查看投标报价。由于软件采用了建设项目、单项工程、单位工程三级结构管理，所以可以很方便地查看各级结构的工程造价，如图 3-44 ～ 图 3-46 所示。

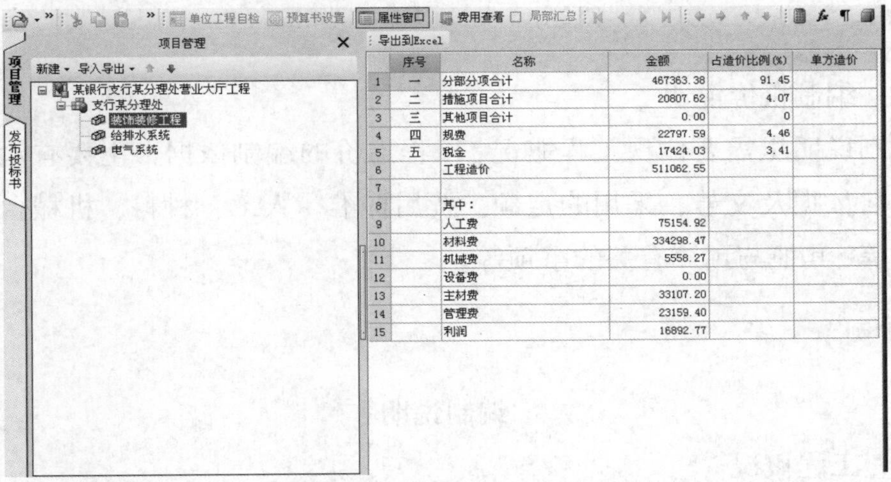

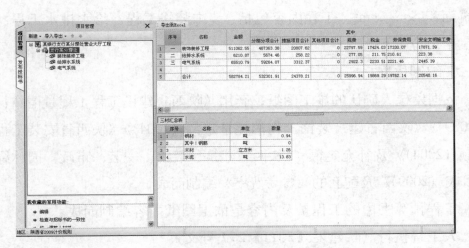

图 3-44　单位工程项目管理界面图

图 3-45　单项工程项目管理界面图

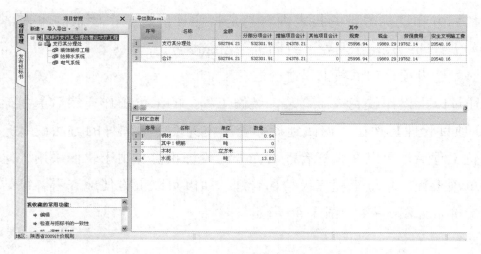

图 3-46　建设项目管理界面图

（7）编制报价说明

编制说明里需要体现工程概况；工程造价的编制依据，主要有建设项目设计资料依据及文号、采用的定额、费用标准，人工、材料、机械台班单价的依据等；其他与预算有关的事项等。

【实例】

编制说明

一、工程概况

×××工程位于陕西省西安市长安南路十字西南角，框架剪力墙结构，总建筑面积×××m²。工程内容包括：装饰装修工程、给水排水工程、电气工程三个单位工程。

二、编制依据

1. 依据发包人确认的施工图纸，套用《陕西省建设工程工程量清单计价规则（2009）》《陕西省建筑装饰工程消耗量定额（2004）》《陕西省安装工程消耗量定额（2004）》及补充定额、《陕西省建筑、装饰、安装、市政、园林绿化工程价目表（2009）》及配套的《参考费率》编制而成；

2. 工程预算书中的工程量及内容是依据图纸内容编制而成；

3. 人工费执行（陕建发【2011】277号文）；

4. 混凝土和砂浆均按商品混凝土、商品砂浆计入；

5. 本预算材料价执行陕西省 2014 年第 4 期信息价;

6. 地面明沟、装饰画等图纸不详之处,未计入报价;

7. 所有的家具、家电为发包人自购,本报价中未计。

(8) 生成电子投标书

◆ 符合性检查

通过符合性检查功能帮助投标人快速检查是否错误修改了招标人提供的工程量清单。比如清单名称、工程量等,执行本功能后软件将生成检查报告,方便投标人进行修改。

单击项目管理页面的【检查与招标书一致性】按钮,如图 3-47 所示。

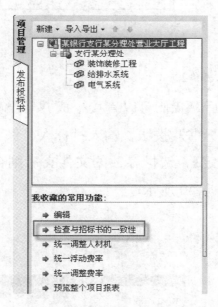

图 3-47　发布电子标书界面图

◆ 投标书自检

在调价之后,发布投标书之前,必须要做的一个工作是投标书检查,这样可以避免由于组价不合理,即单价等于 0 或者是规费、税金等于 0 等情况导致废标。

计价软件为投标人提供投标书自检的功能,保证文件编制的正确性,帮助我们快速校验,如图 3-48 所示。

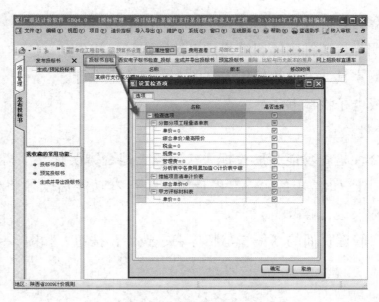

图 3-48　投标书自检界面图

◆　生成并导出投标书

做好了自查工作之后，我们可以直接生成并导出投标书接口文件，单击工具栏【生成并导出投标书】按钮，输入投标人、保证金、投标工期、质量承诺等投标信息后【确定】，选择存放的文件夹后则自动生成电子投标书相关数据，如图 3-49、图 3-50 所示。

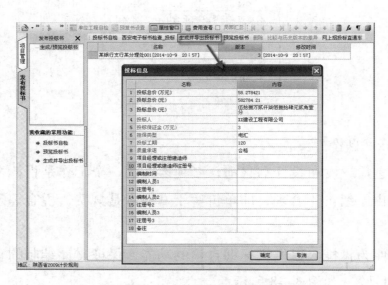

图 3-49　生成并导出投标书界面图

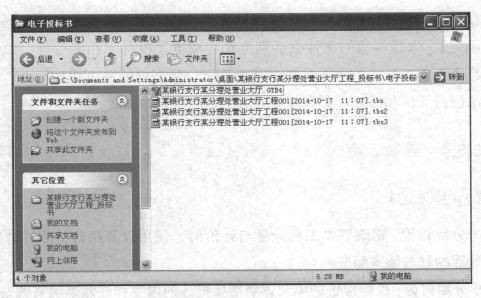

图 3–50　电子投标书界面图

　　生成电子投标书后，按照招标文件的要求将相应的电子投标书文件刻录到光盘或者 U 盘中，作为投标文件的一部分进行封装，以便导入电子询评标系统，进行商务标的评审。

　　◆　将投标书按照招标文件要求的份数打印装订，签字盖章后，按招标文件约定的时间、地点，及时送达。

3.3.3　学习提醒

【学习提醒】

必须注意"符合性检查"和"投标书自检"。

【解释】根据国家招投标法和公开招标的规定，现在很多省市都采用的是网上招投标的模式，所谓的网上招投标就是从招标、答疑、投标、评标到定标的所有过程都以电子模式进行，并在当地的网上招投标平台公示，因此对所有单位工程都组完价后一定要进行符合性检查，通过符合性检查功能帮助投标人快速检查是否错误，其次要进行投标书自检，这样可以避免由于组价不合理，即单价等于 0 或者是规费税金等于 0 等情况导致废标，做好了自查工作之后，就可以直接生成并导出投标书接口文件，单击工具栏【生成并导出投标书】按钮，输入投标人、保证金、投标工期、质量承诺等投标信息后【确定】，选择存放的文件夹后则自动生成电子投标书相关数据。如果不进行自查工作，生成的电子投标书是无法上传到当地的网上招投标平台，也就无法进行开标和评标，会有废标的可能。

3.3.4　实践活动

【分组讨论】

1. 分组讨论：建筑装饰工程计量与计价时，使用计算机计价软件计算和手工计算的利与弊有哪些？
2. 分组讨论：投标报价的编制说明需要描述的内容和注意事项有哪些？

【实训题】

将项目一中的酒店装修工程的地面和墙面工程完成的清单输入计价软件中，并试着生成电子招标书。

3.3.5　活动评价

教学活动的评价内容与标准，见表 3-5。

教学评价内容与标准　　　　　　　　　　　　表 3-5

评价内容	指标	项目	评价标准	个人评价	小组评价	教师评价	综合评价
专业能力评价	知识技能	对软件操作的熟悉情况					
		投标书生成熟练程度					
		编制说明和封面					
		实践活动情况					
社会能力评价	情感态度	出勤纪律					
		态度					
	参与合作	互动交流					
		协作精神					
	语言知识技能	口语表达					
		语言组织					

续表

评价内容	指标	项目	评价标准	个人评价	小组评价	教师评价	综合评价
方法能力评价	方法能力	学习能力					
		收集和处理信息					
		创新精神					
评价合计							

注：评价标准可按5分制、百分制、五级制等形式，教师可根据具体情况实施。

3.3.6 知识链接

1. 招投标的流程

（1）招标资格与备案；（2）确定招标方式；（3）发布招标公告或投标邀请书；（4）编制、发放资格预审文件和递交资格预审申请书；（5）资格预审，确定合格的投标申请人；（6）编制、发出招标文件；（7）踏勘现场；（8）编制、递交投标文件；（9）组建评标委员会；（10）开标；（11）评标；（12）定标；（13）中标结果公示；（14）合同签署、备案。

3-8

2. 实践活动答案

装饰装修施工说明

一、本工程为某快捷酒店装修工程
原建筑物结构构保持不变，在施工中不允许损坏原建筑物结构，建筑分类和耐火等级：二类二级；
主体框架结构。

二、建筑与装修

1. 室外装修：详见其他说明及外立面效果图；
2. 室内装修：原地面垫层已完成，墙面水泥砂浆压光已完成，主要是建筑窗户根据房间新开，其余详见其他说明及材料表；
3. 本项目部分隔墙为原有，新砌隔墙为轻质加气块，按照图纸对原隔墙可以保留的尽量进行保留；
4. 卫生间防水等级为Ⅲ级；
5. 本项目所用窗户均为铝合金成品门窗，玻璃及装饰玻璃等面积大于 $0.5m^2$ 以上采用钢化玻璃，厚度不小于10mm；
6. 有关节点参照《某商务工程标准》并以此作为本施工图的补充；
7. 设计范围为：装饰、强电、生活给排水、家具、消火栓、喷淋、自动报警系统等由业主另行委托有资质单位进行设计；

三、设计依据

1. 中华人民共和国国家标准《建筑内部装修设计防火规范》GB50222—2019
2. 中华人民共和国国家标准《建筑设计防火规范》(2018年版) GB50016—2006
3. 《建筑内部装修设计防火规范》GB50222—2017
4. 《建筑装饰工程施工及验收规范》GB50210—2018
5. 《民用建筑工程室内环境污染控制标准》GB50325—2020
6. 中华人民共和国颁布的有关建筑、规划设计规范和标准
7. 业主提供的平面图及《某商务工程标准》

某快捷酒店装修设计说明

材 料 表

名称	地面	耐火等级	墙面	耐火等级	平顶	耐火等级
大堂	贴600mm×600mm米色玻化地砖	(B1级)	下80高12厚不锈钢踢脚线 墙面批平后刮内墙涂料	(B1级)	做轻钢龙骨（规格：主龙骨50）12厚纸面石膏板吊顶	(A级)
大堂商务区	深褐核木色强化复合地板	(B1级)	下80高12厚不锈钢踢脚线 墙面批平后刮墙涂料	(B1级)	做轻钢龙骨（规格：主龙骨50）12厚纸面石膏板吊顶	(A级)
公用卫生间	贴300mm×300mm玻化砖 下做1.5厚防水	(B1级)	竖贴300mm×600mm白色墙面砖	(B1级)	采用600mm×600mm矿棉板吊顶	(A级)
客房	房间铺装地毯 工程级 走廊75×300mm墙砖	(B1级)	下80高12厚高分子不锈钢踢脚线 墙面批平后刮米黄色涂料	(B1级)	做轻钢龙骨（规格：主龙骨50）12厚纸面石膏板面顶	(A级)
客房卫生间	贴300mm×300mm米色防动地砖 下做1.5厚防水（III级防水等级）	(B1级)	贴150mm×300mm白色墙面砖 防水涂料	(B1级)	做轻钢龙骨（规格：主龙骨50）12厚防水底面石膏板吊顶	(A级)
清洗间	贴300mm×300mm白色地砖 下做91防水	(B1级)	墙面250mm×330mm白色普通墙面砖	(B1级)	600mm×600mm矿棉板或米条形吊顶	(A级)
布草间	贴300mm×300mm地砖	(B1级)	下80高高分子白片不锈钢踢脚线 墙面批平后刮内墙涂料	(B1级)	600mm×600mm矿棉板或米条形吊顶	(A级)
客房通道	地毯走廊铺设、胶粘剂厚度不小于1.5mm	(B1级)	地台裙公踢脚线 墙面批平后刮内墙涂料	(B1级)	采用600mm×600mm矿棉板吊平顶	(A级)
机房	200mm高防静电地板	(B1级)	下100高12厚白色硬性实木踢脚线 墙面批平后刮墙涂料	(B1级)	轻钢龙骨600mm×600mm矿棉板吊平顶	(A级)
办公室	复合木地板	(A级)	墙面批12厚12厚白色硬性白墙涂料	(B1级)	做轻钢龙骨（规格：主龙骨50）12厚纸面石膏板吊顶	(A级)
厨房	贴150mm×150mm红玻砖	(A级)	墙面250mm×330mm白色墙面砖	(B1级)	长条白色铝合金扣板吊顶	(A级)
餐厅	贴600mm×600mm咖啡色仿古地砖	(A级)	下80高12厚不锈钢踢脚线 墙面批平后刮内墙涂料	(A级)	白色长条金属扣板	(B1级)
员工餐厅	贴300mm×300mm玻化防滑地砖	(B1级)	贴250mm×330mm白色陶面砖	(B1级)	白色长条金属扣板	(B1级)
员工更衣室、卫生间、淋浴间						
库房	贴300mm×300mm玻化防滑地砖	(B1级)	墙面批平后刮内墙涂料	(B1级)	白色长条金属扣板	(B1级)
员工宿舍	贴300mm×300mm白色玻化防滑地砖	(B1级)	贴250mm×330mm白色墙面砖	(B1级)	乳胶漆，必采用顶棚长条形扣板	(A级)

某快捷酒店装修设计说明

319

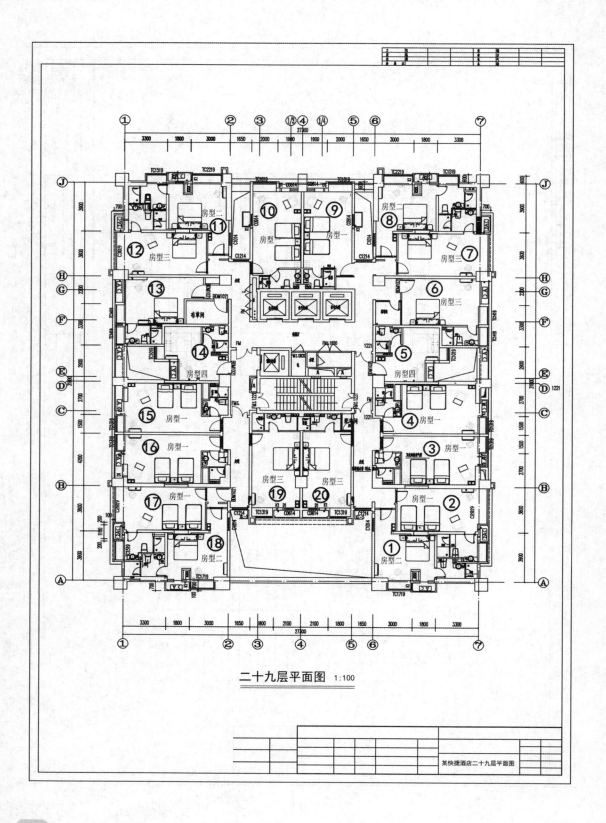

二十九层平面图 1:100

某快捷酒店二十九层平面图

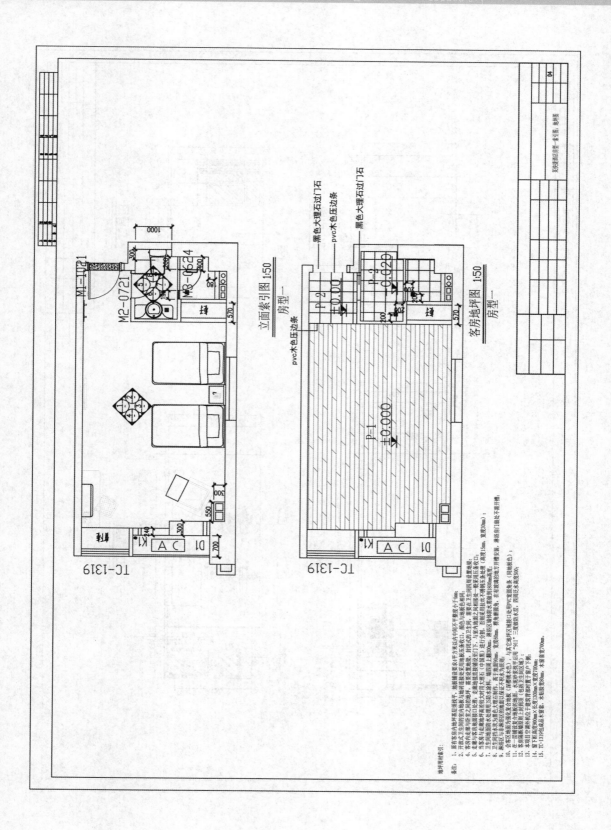

立面索引图 1:50
一 房型 一

客房地坪图 1:50
一 房型 一

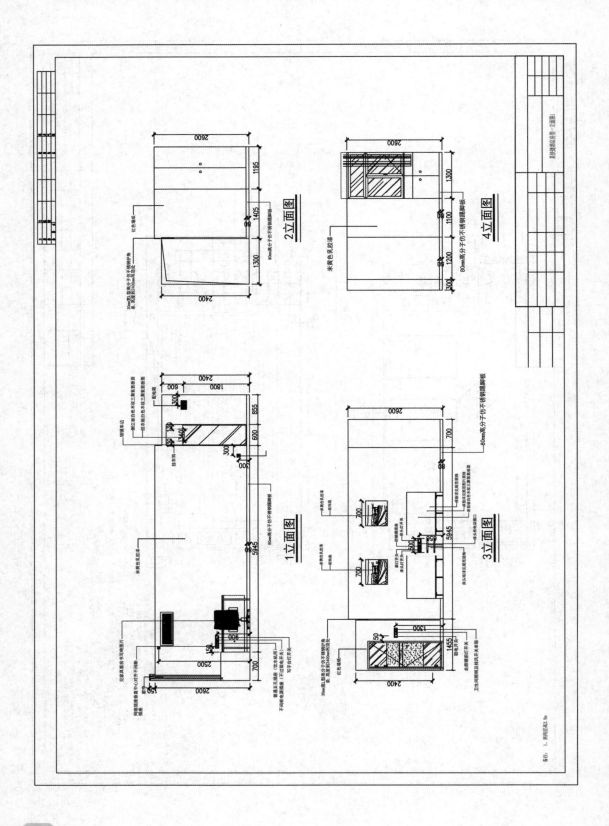

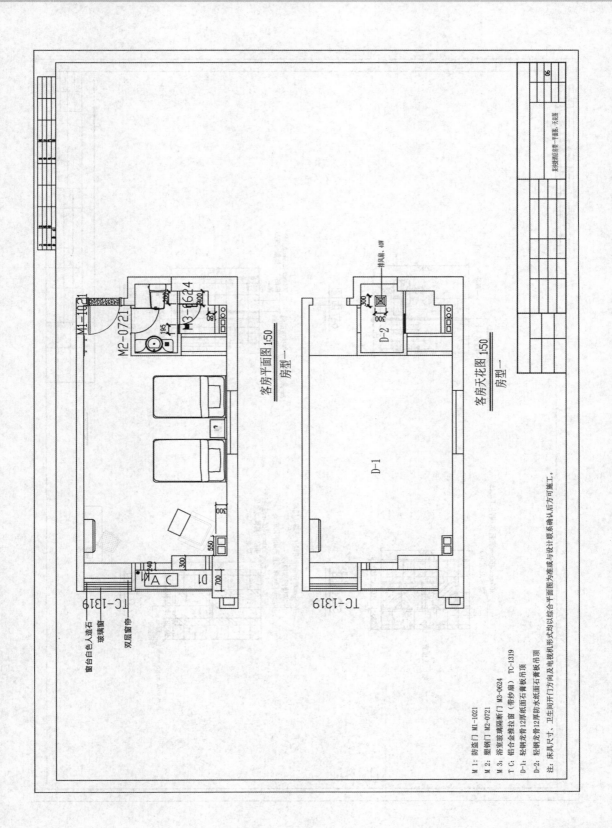

窗台白色人造石

双层窗帘

玻璃窗

M1-1021

M2-0721

M3-1624

客房平面图 1:50
房型一

TC-1319

客房天花图 1:50
房型一

TC-1319

D-1

D-2

排风扇 4W

M 1：防盗门 M1-1021
M 2：塑钢门 M2-0721
M 3：浴室玻璃隔断门 M3-0624
T C：铝合金推拉窗（带纱扇）TC-1319
D-1：轻钢龙骨12厚纸面石膏板吊顶
D-2：轻钢龙骨12厚防水纸面石膏板吊顶

注：床具尺寸、卫生间开门方向及电视机形式均以综合平面图为准或与设计联系确认后方可施工。

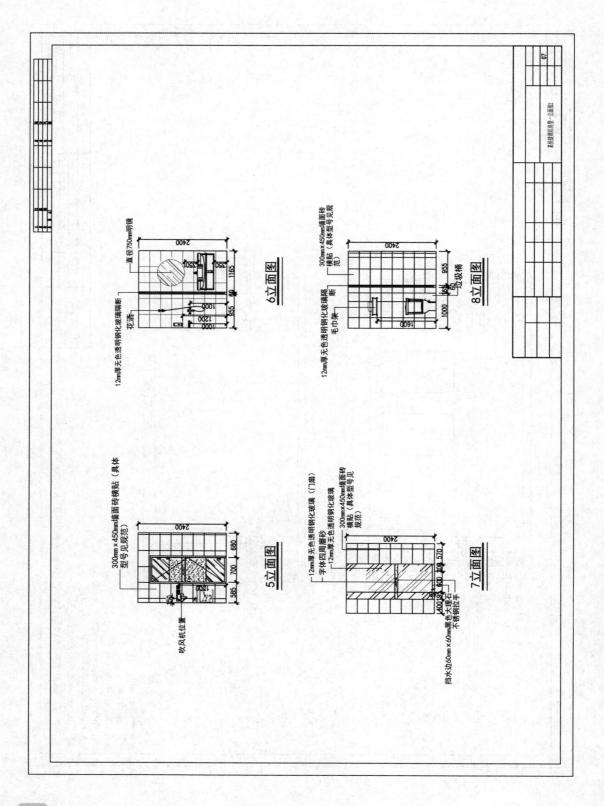

附录 2 某银行营业大厅装修工程施工图

设 计 说 明

一、设计依据：

1. 双方签订的《装饰工程设计合同》。
2. 甲方提供的建筑平面图及确定的平面方案等。
3. 国家、国家部委及地方有关规范、规定、标准及文件。主要有：
建筑装饰装修工程质量验收规范 GB50210—2018
建筑内部装修设计防火规范 GB50222—2017
建筑设计防火规范（2018年版）GB50016—2014
档案馆建设标准 JGJ25—2010
其他相关的规范和标准及规定

二、施工图说明：

(1) 图例。以国家制图规范为准。特殊图例见各图纸图例表示。
(2) 图纸单位。图纸尺寸以：毫米。标高：毫米。
(3) 施工图所有有效尺寸，设计人有权负责以后对本施工图进行修改。
(4) 施工图所有的变动，必须有施工监理单位、施工图设计起草人、施工图原起草签字方为有效。
(5) 凡涉及材料的变动，必须取得甲方、设计人的认可，大胆灯具及吊挂的安全必须进行计算，构造牢固确保安全可靠。
(6) 凡图中有做法注明者，以此本说明的做法为准。
(7) 图中做法未详尽之处参照相应的做法进行施工，并同审定起草图纸，设计者为准人，应通知设计人进行修改调整。
(8) 施工中遇与本说明有出入之处或与现场相符者，以施工现场实际尺寸为准，应通知设计者进行相应调整。
(9) 墙体及门窗等尺寸，均以实际尺寸×0.008为准确数。
(10) 防火门、防火墙、防火卷帘、防火阀等位置及材料做法，均同原设计要求。
(11) 凡采用木龙骨的部位均需做防火防腐处理，除标注外，输出到者外。
(12) 凡图中详图中装修未完善者，由设计单位在施工中充定。在现场与原设计图纸相符为有效。
(13) 图中所示造型灯具、活动家具、艺术品、画面等仅为示意，最终由银行自行选定方面确定。

三、施工工艺及材料要求：

1. 总则：
(1) 本工程所用材料规格、施工及验收要求均应符合国家现行规范及标准。
(2) 本工程所用的材料均为施工图工之前之甲方的材料认可上的材料、对子材料样品、施工做法、厂家做法要求。
(3) 室内装修各部位绝部饰面均应采用不燃材料及难燃材料。
(4) 室内装修工图工时均须符合建筑工程施工规范材料及及。
(5) 所有家具吊顶、墙体饰面之处均应合理安装紧固。
(6) 所有的吊顶、墙体饰面之处的相关材料均须相容、牢固。
(7) 凡需木龙骨吊顶处，均应做防火处理。
(8) 所有木装修起草处均先在工厂做范围要求制作的大样。
(9) 轻钢龙骨吊顶及顶面需做防火保护，方可进行施工，严格进行防范性标准。
(10) 发饰材料对铜的材料及颜色必须符合相应的国家要求和标准。

2. 石材及瓷砖工程

材料要求：
(1) 花岗石、大理石、瓷砖的产品质量要求符合国家A级标准。石材颜色要一致，纹理排列要搭配。石材本身不有气孔、风化变麻斑。外墙石材的规格块尺寸较大时，采用25mm厚石材，离层内镶光的地面的瓷砖石材板，板块尺寸较小者可用20mm厚的石材。内墙面干挂石材采用20mm厚石材。

工艺要求：
(1) 花岗石、大理石、瓷砖的粘接料应优先采用挂粘贴做法，层墙少用水泥砂浆或水泥混凝土粘贴。室外作业应注意说明，以防止石材出现返渗或返碱白色斑点。
(2) 浅色的花岗石、大理石、瓷砖的见角标注时为镶嵌要处理。
(3) 瓷砖粘贴后以两间以点为角为准。弹出出见角的设定位置，其交接套要求，以应保证见角整体、边整洁，非整样应设在房间不显眼的位置。
(4) 地面设块排出墙200~300mm处宽为镶嵌区域，且门口不显出现墙半墙的，应注门有一个区别处理。

3. 木作工程

材料要求：
(1) 所有木材均应起草的自休处理、含水率要求应比照。
(2) 木饰面的基底木板只试或造见用料料做法，校观、封板的材料。
(3) 木饰面及木线安装均依应现场射相料者的方式，钉钉找应以入表面1mm以上，材针用自钉钉内。射钉枪宜采用聚醋酸乙脂（白乳胶）、防水板及木龙等用胶，各型品种的粘贴应见固定或现型的相性料。
(4) 木门、塑料门等装饰性门窗、玻璃门后设起草性门扇。

4. 吊顶工程

材料要求：
(1) 轻钢吊顶的38主龙骨壁厚必须达到0.8mm，Z形壁厚度必须达到1.2mm，Z形及护角间距必须间断做处理。
(2) 吊杆悬吊细料料应应对龙骨料料设应以龙骨相应处的加固处，采用钢钢部件进行牢固处理。

工艺要求：
(1) 轻龙骨吊顶主龙骨壁壁厚必须符合相应的外标标准。
玻璃或细石壁等必须应用固定定处处理。

5. 玻璃工程

材料要求：
(1) 玻璃体龙骨吊顶之龙骨料应按体应国家标准。
工艺要求：
(1) 玻璃体安顶起草处应应对龙骨进行固定定，玻璃幕动的相色应确实定。
(2) 玻璃幕墙及幕顶安装均应用专用结构胶（如硅酮结构玻璃胶）以作以主要求。
(3) 墙面玻璃安装用用用材结处料料。不建使用的玻璃粘贴。(如硅酮玻璃密封胶) 以防止幕墙。
(4) 墙面玻璃应用双面胶较软。或选用中性玻璃胶，或以使中性玻璃胶。

6. 油漆工程

材料要求：
(1) 油漆材料均应先用聚酯漆等环保产品，其优选用的材料必须符合相应的国家标准制定的大标准。
(2) 乳胶漆料料应选用环保料型的乳胶料料，为面方进行固定施工。方可进行固定施工。

工艺要求：

(1) 裱裱涂漆前三道腻三道腻收遍一道面层。应先抛八样后每方及抛平方及抛均匀。油漆类抛漆后三地底先抛涂面漆，仙油漆涂调色料。
(2) 孔洞修选出用或方面抛。油漆底应应应仙到地底出现质量标准。
(3) 界度大于1.5mm要合格水泥抛复合型水涂膜膜。
7. 防水工程
材料要求
界度可选用用以下材料：
a. 界度大于1.5mm宜合水泥抛复合型水涂膜膜。
b. 界度大于2.0mm的合成高分子防水涂膜。
c. 界度大于3.0mm抛聚物改性防水涂膜瓷砖。
工艺要求
(1) 墙面选用聚合物水泥及复合的防水涂膜膜。墙面可选用聚物改性出防的防水涂膜膜。
(2) 卫生间等有水房间墙面抛出抛后应应房间只做地面防水。
墙上墙度应300mm。

8. 墙面工程

材料要求
(1) 房间墙面用加气混凝土砌块。
工艺要求
(1) 轻钢龙骨石膏板墙体采用75系列。间距在650mm左右，墙体高面加强时高度620mm，石膏板双面加固7层地面用料。
管加以石。竖立者石膏板采用以0系列，低面石有软度厚度12mm。
(2) 钢板铺墙墙采用300mm×60mm钢铁铁钉支架。一般钢料料抛钢相加固处。
b:地墙设封面，内墙双阶钉，外墙做饰饰料处理。

工艺要求
(1) 有防火要求的轻钢及干石膏板料墙。中间加设防火大板。石膏板选用高强度大纸面石膏板（GB板）。砂墙均分布匀整设。吊墙处以上200�)。300地以上及设护护料网钉及服层。
9. 五金工程
工艺要求
(1) 五金件固定料料设安后后安装。或在安装料的固定各料安料。表面应经固定过过处料料及成成施工料料污染。
(2) 五金料应加工定标准。易于拆料。
四、其他。
1. 消防防范防料说明料工图应由由专业出工施工。
2. 拆缝料项目料抛墙料单位抛以料墙地料料。
3. 所有料料料料料工应应设计料料料提出，由设计料料说料抛设出相应的变更。
4. 所有料料料料安料工料料料料料方。所有料1平方料料料料料抛均墙料料抛料料一个。
5. 绿化出、株料料、料抛料料料料料料料料料料料料料料。
6. 落料钉料抛270mm。内料料料光料料。
7. 所有料抛料料料料料料料料料料。激发料料抛抛两个料料一料料感料料。
8. 所有料料料料抛料料料料料料料料料料料料料料制料料。
9. 具料料料料料料料料料料料料料料料料料料料料。
10. 防料料料料料料料料料料料料料料料料入料料。

					图号	SM-01
审定		项目负责人			比例	1:100
					日期	
制图						
设计			图纸名称		设计说明	
校核						
审核			工程名称			

修改

某银行装饰材料说明

说明目录

材料名称	规格、型号	品牌
铝塑板	1220×2440 30丝 4mm厚 GWPET1095.20	华尔泰
大厅石材	800×800	山东白麻
柜员区地砖	600×600	斯米克
柜台人造石	MG1201	美国杜邦北极印象
办公区地砖	800×800 夏目蝴蝶	斯米克
抗静电地板	600×600 夏目蝴蝶	江立牌、靠客
玻璃	12mm普通、钢化	洛玻
卫生间地砖	300×300	红贝克印象
卫生间墙砖	300×450	红贝克印象
五金	常规	雷牌
纸面石膏板	1200×3000×9.5	龙牌
矿棉板	600×600	龙牌、阿姆斯壮
轻钢龙骨		龙牌
木工板	1200×2400×12	福江牌
九厘板	1200×2400×9	福江牌
榉板	R3897	日本东进
乳胶漆	18KG	立邦、多乐士
不锈钢		万事泰、万丰
木门	金山牌实木门(乙方选样、甲方确定)	金山
感应门	150系列	松下
防盗门		步阳、盼盼
防弹玻璃	24mm	金刚、黄海
不锈钢转盘门		松下电机
地毯	PU尼龙办公方块地毯 NYU6221-43003	海马
成品隔断		冠承、顿商
不锈钢门锁	C9007	乐圆

图号	SM-02
比例	1:100
日期	

图纸名称　材料说明表

工程名称

制图		审定	
设计		项目负责人	
校对			
审核			

备注

某银行装饰设计图纸目录

序号	图号	图纸名称	图幅	专业
说明目录				
001	ML-01	图纸目录	A3	装施
002	SM-01	设计说明	A3	装施
003	SM-02	材料说明	A3	装施
平面部分				
004	P-01	平面布置图	A3	装施
005	P-02	天花布置图	A3	装施
006	P-03	天花尺寸图	A3	装施
007	P-04	地面铺装图	A3	装施
008	P-05	地面布置图	A3	装施
009	P-06	门号及立面索引图	A3	装施
立面部分				
010	E-01	营业大厅A C立面图	A3	装施
011	E-02	营业大厅B D立面图	A3	装施
012	E-03	行长室A B C D立面图	A3	装施
013	E-04	卫生间A B C D服务区立面图	A3	装施

图号 ML-01 比例 1:100 日期
图纸名称 图纸目录
工程名称
审定 项目负责人
制图 设计 校对 审核
备注

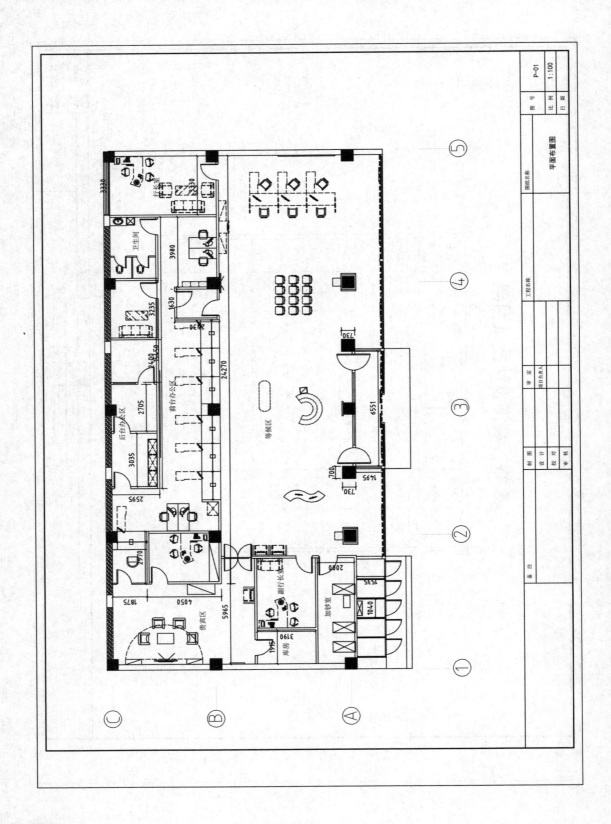

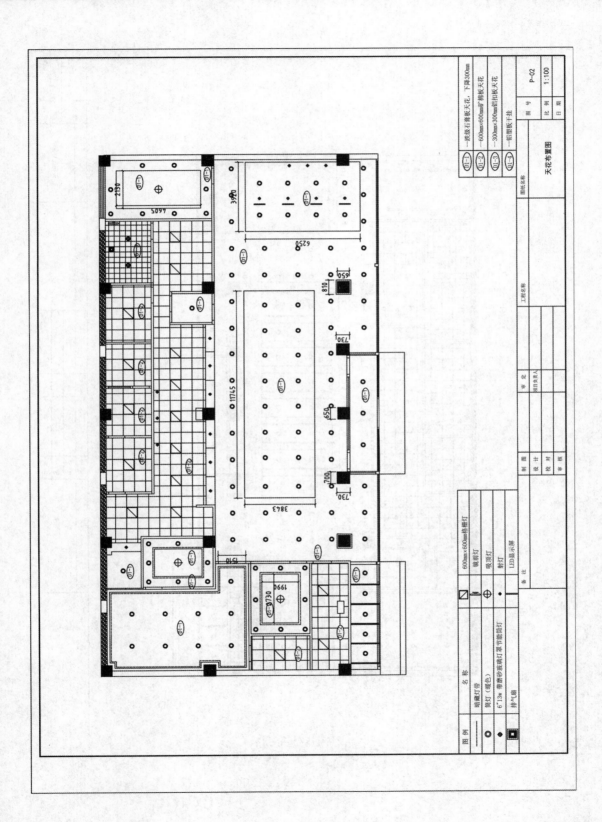

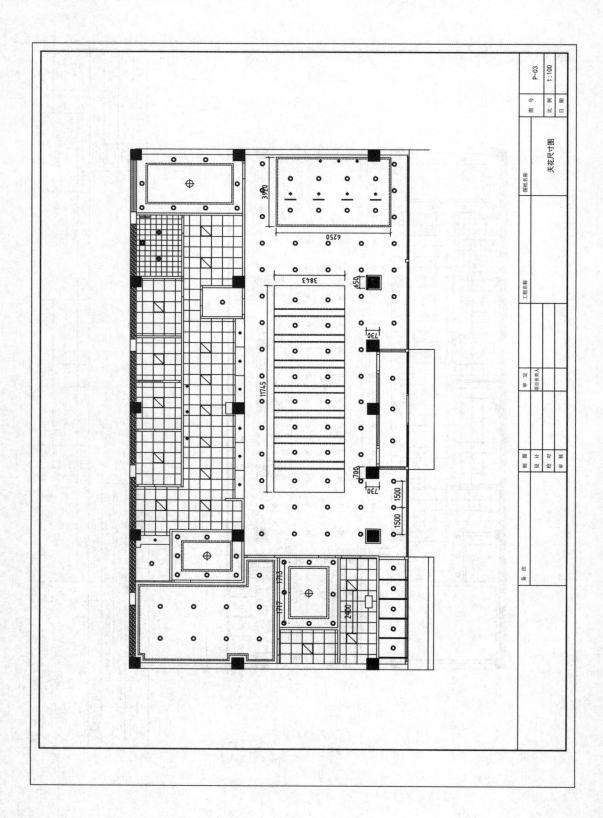

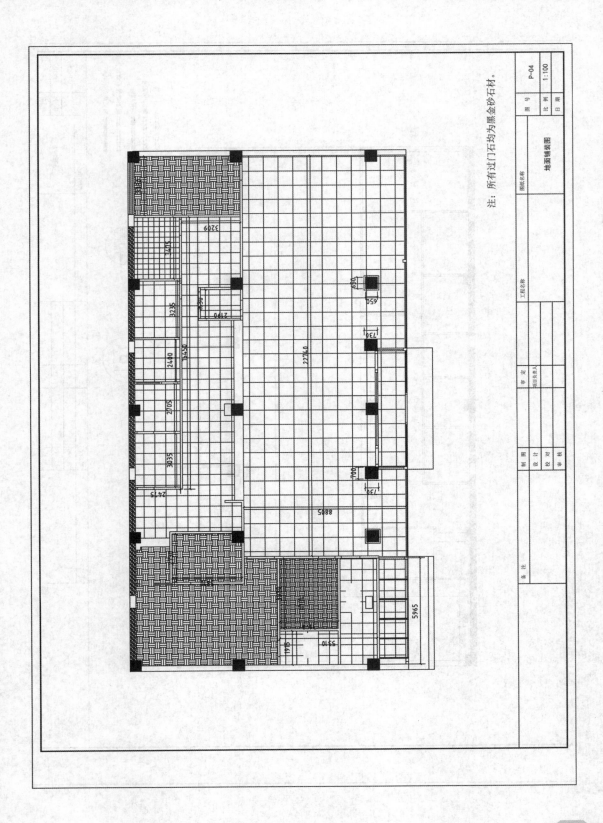

注：所有过门石均为黑金砂石材。

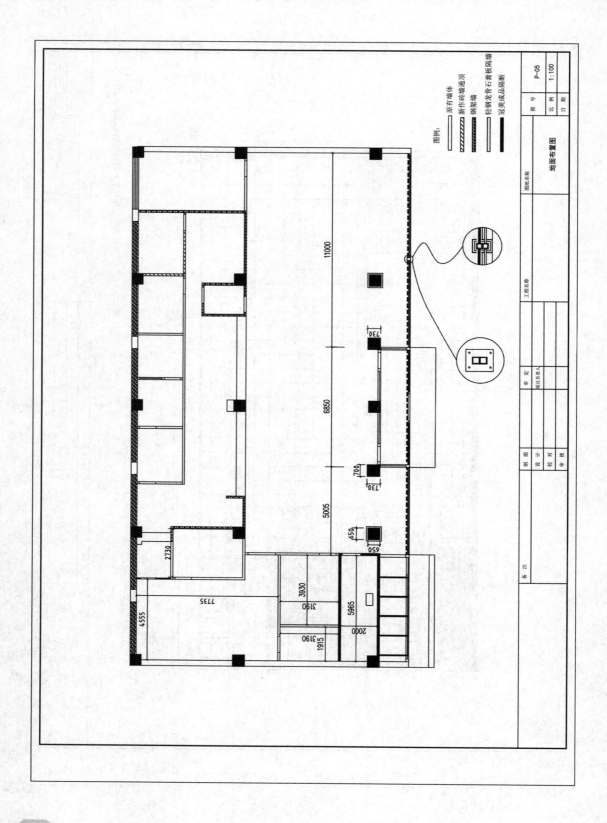

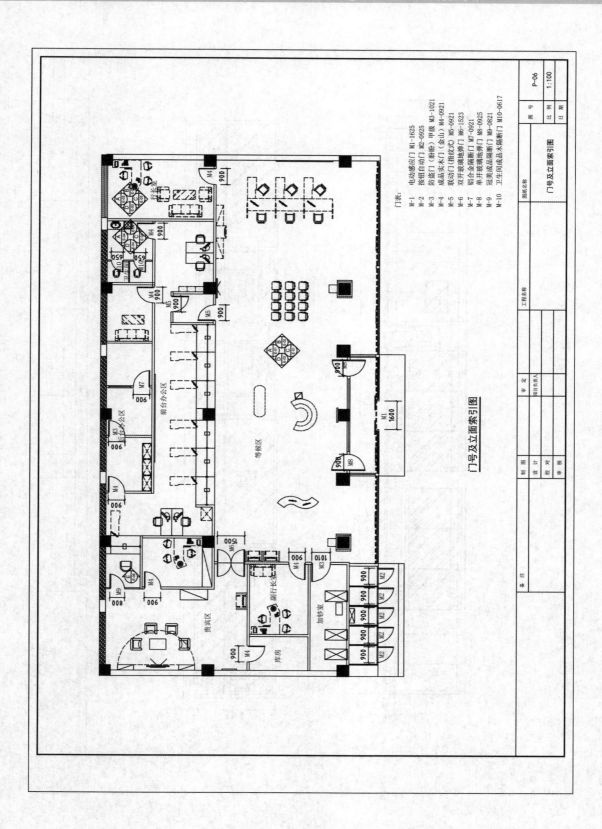

门表：
M-1 电动感应门 M1-1625
M-2 按钮自动门 M2-0925
M-3 防盗门（防盗）甲级 M3-1021
M-4 成品实木门（金山）M4-0921
M-5 联动门（指纹式）M5-0921
M-6 双开玻璃地弹门 M6-1523
M-7 铝合金隔断门 M7-0921
M-8 单开玻璃地弹门 M8-0925
M-9 冠美成品隔断门 M9-0821
M-10 卫生间成品木隔断门 M10-0617

门号及立面索引图

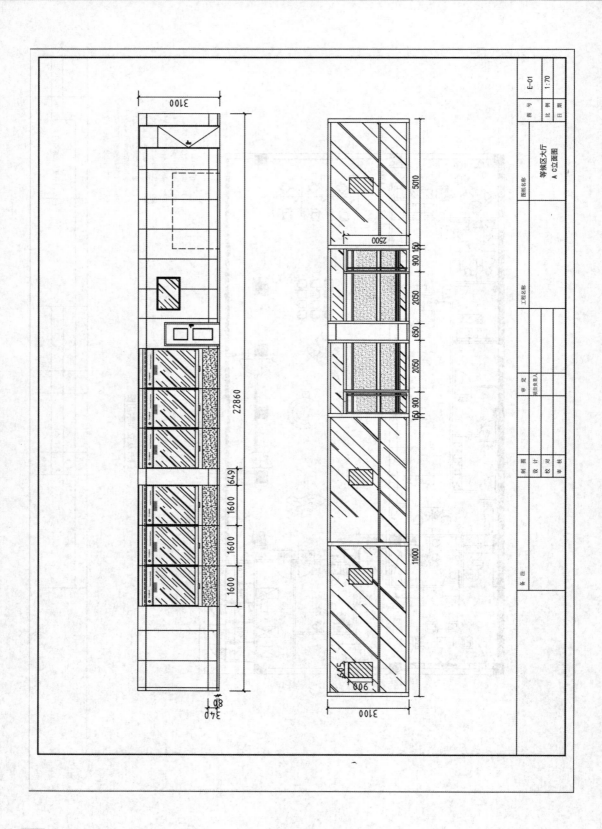

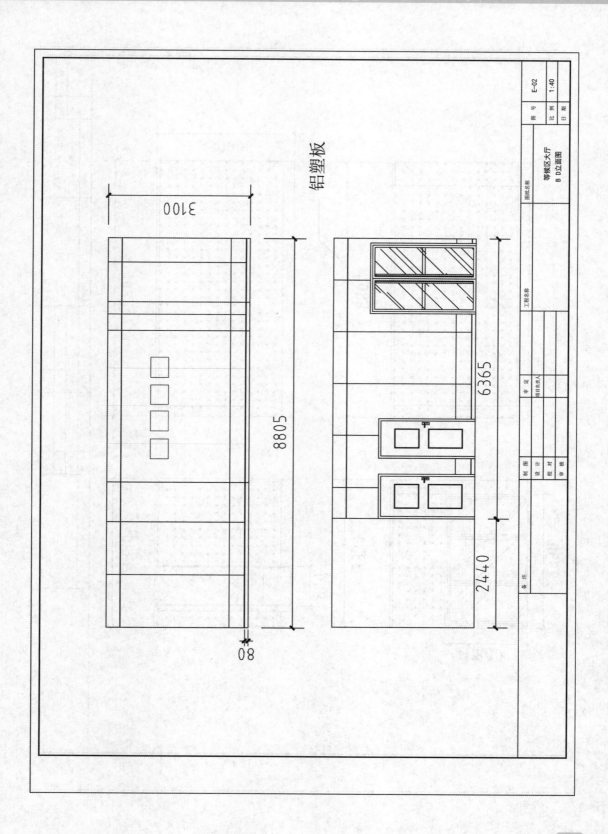

铝塑板

3100

8805

08

6365

2440

图 号 E-02
比 例 1:40
日 期

图纸名称 等候区大厅
B D立面图

工程名称

审 定
项目负责人

制 图
设 计
校 对
审 核

备 注

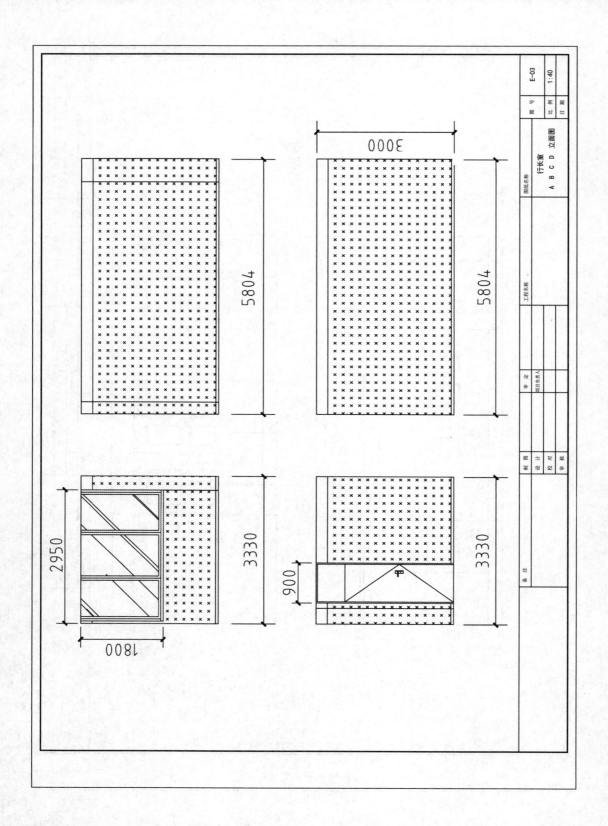

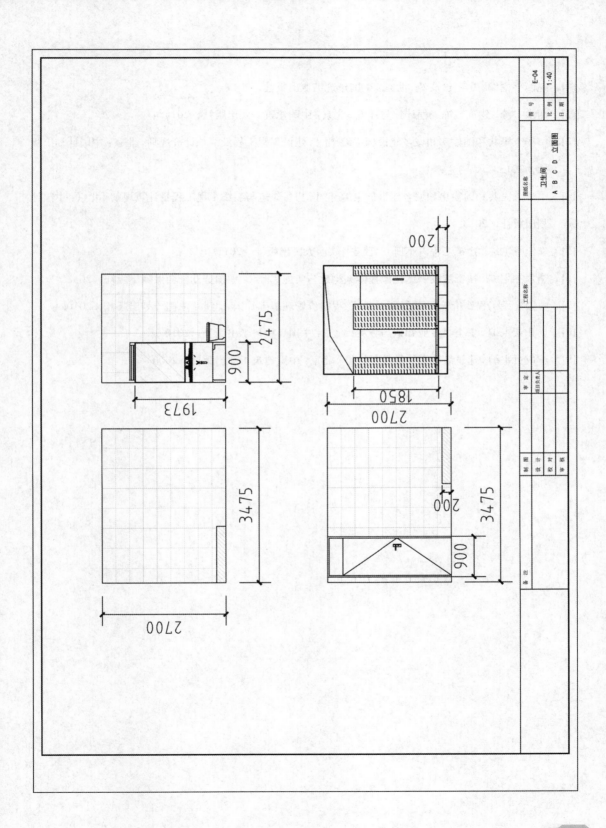

参考文献

[1] 赵西平主编.房屋建筑学.北京：中国建筑工业出版社，2017.

[2] 谢洪主编.建筑装饰工程计量与计价.北京：中国建筑工业出版社，2015.

[3] 中华人民共和国住房和城乡建设部主编部门.建设工程工程量清单计价规则.北京：中国计划出版社，2013.

[4] 中华人民共和国住房和城乡建设部主编部门.房屋建筑与装饰工程工程量计算规则.北京：中国计划出版社，2013.

[5] 李建峰主编.建筑工程（下册）.西安：陕西人民出版社，2012.

[6] 李木杰主编.技工院校一体化课程体系构建与实施.北京：中国劳动社会保障出版社，2012.

[7] 中国建设工程造价管理协会编.建设工程造价管理基础知识.北京：中国计划出版社，2010.

[8] 周和荣主编.安全员专业知识与务实.北京：中国环境科学出版社，2010.

[9] 李成贞主编.建筑装饰工程计量与计价.北京：中国建筑工业出版社，2006.